健康中国战略下听障青少年心理健康的社会服务模式研究

徐夫真　张玲玲　梁永胜　著

中国轻工业出版社

图书在版编目（CIP）数据

健康中国战略下听障青少年心理健康的社会服务模式研究 / 徐夫真, 张玲玲, 梁永胜著. — 北京 : 中国轻工业出版社, 2024.7
ISBN 978-7-5184-4911-8

Ⅰ.①健… Ⅱ.①徐… ②张… ③梁… Ⅲ.①听力障碍—青少年—心理健康—健康教育—研究 Ⅳ.①B844.2

中国国家版本馆CIP数据核字（2024）第063375号

责任编辑：李　锋　　　责任终审：李建华　　　设计制作：梧桐影
策划编辑：翟　燕　李　锋　　责任校对：朱　慧　朱燕春　　责任监印：张　可

出版发行：中国轻工业出版社（北京鲁谷东街 5 号，邮编：100040）
印　　刷：北京君升印刷有限公司
经　　销：各地新华书店
版　　次：2024年7月第1版第1次印刷
开　　本：710×1000　1/16　印张：16.75
字　　数：200千字
书　　号：ISBN 978-7-5184-4911-8　定价：68.00元
邮购电话：010-85119873
发行电话：010-85119832　010-85119912
网　　址：http://www.chlip.com.cn
Email: club@chlip.com.cn
版权所有　侵权必究
如发现图书残缺请与我社邮购联系调换
230605Y2X101ZBW

 前言

"为听障者做点什么"是我在过去十多年里常常会不自觉地冒出来的念头。

小时候在农村老家生活时,邻居大嫂是个聋哑人,她听不见,也不会说,但她对人的表情和动作很敏感,村里的人都叫她"哑巴"。她见人就"啊吧啊吧"地打招呼,有时还配合着手势和丰富的表情,但至于她在表达什么,很少有人能懂,主要靠猜测,她的家人也多是一知半解。经常的画面是,她比划着说,其他人点头听着,偶尔有人比划着回应她,她有时点头,有时摇头。大家遇到她也只是笑着打个招呼,很少有人长久驻足跟她"聊天"。倒是一些半大的孩子们经常学她说话,她也不真生气,有时会顺手拍打靠近的孩子们。

我印象最深的是这位大嫂的"正义之举"。她经常调停孩子们之间的矛盾,尤其是年幼或力量弱些的孩子受到大孩子欺负时,她会去追打人的孩子,直到抓到对方,"啊吧啊吧"地教育一通。然后,把打人者和被打者拉到一起,直到打人者向被打者鞠躬认错。路过的大人们就笑着管她叫"法官"。后来,村里的孩子们之间似乎形成了一个心照不宣的规则,只要看到她来了,打人者就自动停止,鞠躬跑人。被打者抹着眼泪,也很快就跟着跑了。甚至还有人向她这位"法官"告状,拉着她去找"被告"。婆家的人待她很好,她有一儿一女,都是健听且聪慧的孩子。友善是会传递的,她的儿女并没有因为母亲聋哑而被同学取笑,两个孩子上学时经常一人牵着妈妈一只手,看上去跟其他家庭一样。

我第一次近距离地感受到她的友善是在我小学五年级的时候。当时刚入秋,我在场院上练习骑自行车,下车时,一不留神摔倒了,二八大杠的自行车直接砸在腿上。她正好路过,跑过来抬起自行车,快速把我拉起来,着急地检

查我是否受伤。她"啊吧啊吧"的声音很大，招来一圈人，我当时更在意的是面子，赶紧推车走了。她就一直跟着我到家里，向家里人比画着我摔倒了，车子砸到了腿，直到家里人反复感谢她，告诉她我没事时，她才离开。在这之前，我遇到她就躲开，有点怕她，可能更害怕被她拦住说话时会招来很多人围观。这件事之后，我不再像先前那样怕她了，也敢靠近和她打招呼。后来，我外出上学、搬家，极少再见到这位聋哑大嫂，但她的热情和开朗，邻里间的友善和接纳仍留在我的记忆中，成为童年生活的一部分，自然又和谐。

上大学后，学校对面就是聋哑学校，里面的学生10~20岁，好友的同学是这所学校新入职的老师。我们去过几次，到班里和聋哑学生互动，有时我们教他们一些知识和技能，有时他们教我们手工和缝纫。这个学校里的老师讲话声音很大，口型很夸张。后来有老师告诉我，哪怕这些孩子们只有微弱的语音和听力，我们也要努力让他们练习说和听。我记得，夏天我们每次进入校门就有学生热情地迎上来，有的递擦脸毛巾，有的帮忙推自行车，好像迎接远归的家人，也许他们就没把我们当外人。

大学毕业后，我的生活距离故乡的聋哑大嫂和聋哑学校的学生们越来越远。但时不时地，当家人聚在一起时，聋哑大嫂的形象就会从记忆里跳出来，她的表情、姿态，甚至"啊吧啊吧"的声音都格外鲜明，如在眼前。再后来，我通过不同的渠道了解到了不同的聋哑人，有报纸新闻上的被犯罪团伙利用的聋哑青少年，他们因为在商店偷钱包、在火车站抢乘客的包和行李等不法行为被警察抓到；有在夜市上推车售卖米糕的聋哑夫妻，他们认真经营，童叟无欺；有自助餐厅的服务员，他们除了胸牌上标有"我是聋人"，其他与同龄人无异。我开始走进这个群体，用夸张表达的语言、生动的表情、手写的大字、手语的语音软件、蹩脚的手语，跟他们"聊天"，给他们做讲座，和他们进行访谈。我知道了他们的很多故事，故事里有欢乐、有喜悦、有困扰、有无奈、有悲伤、有失望、有偏执，也有控制不住的愤怒，甚至是极端的想法。因为身体的残疾，他们更期待得到尊重和平等对待，期待实现个人价值。

我国政府一直重视残疾人事业，残疾人康复服务系统越来越完善，其中除了身体康复训练、经济救助、融合教育、就业指导等系统的社会服务外，他们的心理健康也逐渐得到关注。国家相关法规政策均指出要重视培养残疾人自尊、自信、自立、自强的精神，培养他们积极融入社会的意识和社会适应能力。在健康中国的时代背景下，帮助听障等残疾人群体减少主观或客观的障碍，激发其内在动力，接纳自我，让他们以社会建设者的身份来享受社会发展成果，增强信心和获得感，在共筑中国梦的进程中实现幸福人生。

我们研究团队有幸和特殊教育领域的专家同行们一起完成"健康中国战略下听障学生心理健康的社会服务模式研究"这个国家级课题，使我们有机会深入了解这个群体，在民政部门、残联、卫健委、医院、康复中心、高校及科研院所、特殊教育学校、社区等多个组织部门和机构的全力支持下探索适合这一群体的心理健康社会服务模式。从2020年底到2023年，我们克服了重重困难，完成了课题研究。我们所取得的成果达到了预期目标，但更重要的是，我们在这个过程中重新理解了多元生命的张力，理解了多方协作的意义。这个课题于我而言更具特殊意义，一直想做的事，努力做了，为听障者，为特殊群体，也为感恩当年"啊吧啊吧"的热情大嫂和对童年美好回忆的守护。

以上的文字是我多年来坚持申报和完成这个课题研究的动因和缘由。

以下是本书结构和内容的简介。本书中参加调研和心理辅导的听障学生是初中、高中、中职、高职阶段14~24岁的学生，所以正文中主要采用"听障青少年"这一表述。本书分为7章共有20小节，其中第一章 绪论，介绍了听障青少年心理健康社会服务模式研究的背景和意义、国内外心理健康社会服务的现状，以及心理健康社会服务的挑战；第二章 听障青少年心理健康的研究综述，主要从自我认知、情绪适应、行为适应、学业、心理健康症状等方面阐述了听障青少年心理健康的内涵和特点，已有关于听障青少年心理健康的测量工具，心理健康的影响因素等；第三章 听障青少年心理健康及其个体影响因素，主要是本课题对听障青少年心理健康现状的调研分析，介绍了自我接纳、自我污名、亲社会行为、攻击行为等心理健康的个体影响因素；第四章 听障青少年心理健康的家庭和同伴因素，本课题通过实证研究探讨了父母自主支持、同伴支持、社会支持、自尊、亲社会行为等环境因素和个体因素，及其与听障青少年心理健康问题、主观幸福感、学习动机的关系机制，为后续探索听障青少年心理健康社会服务模式提供了实证依据；第五章 听障青少年心理健康社会服务多主体协作模式的构建，主要介绍了本课题关于听障青少年心理社会服务多主体协作模式的理论构想、基本架构、原则、实施程序、存在的问题和应对策略等；第六章 听障青少年心理健康社会服务多主体协作模式的实践，主要介绍了听障青少年心理健康的学校服务模式、家庭服务模式、社区服务模式的主体框架和基本内容，以及服务效果的评估等，并根据对课题实施的情况和结果的反思，提出了"大健康视域下听障群体毕生发展社会服务的多主体协作模式"；第七章 听障青少年心理健康社会服务的典型案例，主要精选了本课题中听障青少年心理健康社会服务的典型案例，第一节是基于多主体协作的听障青少年学校适应的个案研究，第二节是听障青少年解释偏差干预的认知行为团体辅导。综上，本书包含了关于听障青少年心理健康及社会服务的理论研究、实证研究、干预研究，综合了教育学、心理学、社会学等多个学科领域，是一项综合研究的成果。

  本书是课题团队高度合作的成果，我和中国儿童中心的张玲玲副研究员、山东特殊教育职业学院的梁永胜主任多次讨论后拟定全书的框架、主体内容和写作风格等事宜，我的研究生团队参与了数据收集、文献查阅、学校团体和个体心理辅导、社区心理服务和家庭服务、访谈、书稿写作及校对等工作，参与课题研究的同学有陈晓旭、董悦、封亚飞、葛帅、耿喆、菅景康、李宏敏、刘琪、潘美琪、马柯云、隋亚轩、王佳文、汪程程、吴瑞强、吴艳丽、吴彤、翟梦晓、赵京伟、张思羽、郑雨欣等（排名不分先后）。董悦、吴瑞强、菅景康等组织完成了对听障学生的团体辅导活动和资料整理工作。济南特殊教育中心心理教师唐桂玲老师、山东特殊教育职业学院杨海宁老师及多位手语志愿者同学在数据收集、团体辅导、个别辅导、社区活动、访谈中担任了重要的手语翻译工作。济南特殊教育中心于生丹校长、山东特殊教育职业学院黄艳华教授，作为课题研究的主要成员，对本书中的访谈和团体辅导方案提出了有价值的建议。初稿完成后，我和翟梦晓、张思羽、董悦、封亚飞、闵晓乐、闵令锦、王金瑞、彭鑫等同学对书稿进行了多次修改和校对，最后由我和张玲玲进行统稿、定稿。在此，向以上参与研究、写作、修改、校对，以及给予建议的老师和同学真诚致谢！

课题研究的过程中，我们得到了很多单位和个人的热情帮助和大力支持。政府相关职能部门负责人在政策分析、总体规划，以及组织协调上提出了指导性意见和建议，提供了课题调研的便利条件，也对课题实施过程和结果给予了充分肯定；特殊教育学校的师生、家长在数据收集和访谈中积极配合，全力支持研究和干预工作。在此，感谢山东师范大学社科处、山东师范大学心理学院、山东省民政厅、山东省残联、济南市残联、山东特殊教育职业学院、济南市特殊教育中心、菏泽市特殊教育中心、济宁市特殊教育中心、淄博市特殊教育中心、聊城市特殊教育中心、临沂市特殊教育中心、沂水县特殊教育中心、济南市儿童医院言语听觉康复中心、济南市博爱儿童康复中心、济南市六里山街道玉函南区社区、济南市六里山街道铁路玉函社区等单位的相关领导、专家、师生、家长及工作人员。感谢来自山东大学、济南大学等高校和科研院所特殊教育领域和社会学领域专家的学术支持和宝贵建议。

本书不仅体现了课题研究的成果，也展示了对听障青少年学生进行心理健康服务的过程性资料，以及我们对后续有关听障等残疾人群心理健康社会服务模式的建议和期待。这本书可以作为听障学生心理健康教育的参考教材，也可作为其他残疾人群体心理健康社会服务的参考资料，还可供家长和社区工作人员阅读。本书中的过程性成果可应用于融合学校和特殊学校心理健康教育、家庭教育指导、社区教育以及社会工作领域等。

促进残疾人的健康发展不仅体现了立德树人的时代诉求，也是衡量一个国家文明程度的重要标志。随着经济社会的发展和民众对特殊群体的接纳，促进残疾人健康发展的视角也发生了转变，从关注生存到促进素质提升，从帮扶救助到赋力增能和共享共建。倡导并促进实现残疾人的最佳健康、功能、福祉和人权，是国际和国内关于残疾人健康发展的共识。尽管课题研究已近完成，但促进听障等残疾人群体心理健康的工作是一项长期持续的系统工程，需要各相关领域的长效有序协作。

在写作过程中，鉴于作者的专业学识、写作水平和时间有限，本书中定存在诸多不足之处，请各位读者见谅。欢迎各位读者提出批评和建议，可通过邮箱xufuzhen@sdnu.edu.cn联系本书作者，我们不胜感激。

徐夫真

2023年12月1日

Contents 目录

第一章	绪论	001
	第一节　听障青少年心理健康社会服务模式的研究背景和意义	002
	第二节　听障青少年心理健康社会服务的研究综述	011

第二章	听障青少年心理健康的研究综述	025
	第一节　听障青少年心理健康的特点	026
	第二节　常见的听障青少年心理健康测量工具	031
	第三节　听障青少年心理健康的影响因素	040

第三章	听障青少年心理健康及其个体影响因素	053
	第一节　听障青少年心理健康现状调研	054
	第二节　听障青少年自我接纳、自我污名与心理健康问题的关系	067
	第三节　听障青少年攻击行为、亲社会行为与心理健康问题的关系	073

第四章	听障青少年心理健康的家庭和同伴因素	083
	第一节　父母自主支持、同伴支持与听障青少年心理健康的关系	084
	第二节　社会支持、亲社会行为与听障青少年主观幸福感的关系	091
	第三节　家庭支持、自尊与听障青少年学习动机的关系	097

| 第五章 | 听障青少年心理健康社会服务多主体协作模式的构建 | 109 |

第一节　多主体协作模式的理论构想　　110

第二节　多主体协作模式的原则和程序　　126

第三节　可能存在的问题及应对策略　　141

| 第六章 | 听障青少年心理健康社会服务多主体协作模式的实践 | 153 |

第一节　听障青少年心理健康的学校服务模式　　154

第二节　听障青少年心理健康的家庭服务模式　　187

第三节　听障青少年心理健康的社区服务模式　　199

第四节　反思与建议　　213

| 第七章 | 听障青少年心理健康社会服务的典型案例 | 227 |

第一节　基于多主体协作的听障青少年学校适应的个案研究　　228

第二节　听障青少年解释偏差的认知行为团体辅导　　243

第一章
绪论

  2016年中共中央、国务院印发了《"健康中国2030"规划纲要》，提出要加强心理健康服务体系建设和规范化管理。2019年国家卫生健康委员会、教育部等12个部委印发的《健康中国行动——儿童青少年心理健康行动方案（2019—2022年）》指出，儿童青少年心理健康工作是健康中国建设的重要内容，各级卫生健康、教育等部门要依托精神卫生医疗机构、学校、科研院所等开展儿童青少年心理健康的相关基础研究和应用研究，特别要关爱贫困、留守、残疾等处境不利的学生。近年来，各国不仅关注残疾人的病理学研究和临床治疗、康复训练、社会安置与救助等基本生存问题，其心理健康、综合素质提升及其他精神层面的发展与需求也日益受到重视。听障青少年心理健康社会服务工作是残疾人社会工作与心理学的一个交叉领域，需要政府相关职能部门、社会机构、社区、家庭、学校等多方协作。鉴于听障儿童青少年身心发展的特殊性，注重心理健康社会服务的专业性、适用性和可行性尤为重要。因此，构建科学的、系统的、长效的心理健康社会服务模式不仅是健康中国战略在促进残疾人群体健康发展工作上的积极践行，同时也有助于拓展和补充已有的心理健康社会服务的理论和实践，更好地满足听障儿童青少年及其他残疾人群体的心理健康发展需要。

第一节 听障青少年心理健康社会服务模式的研究背景和意义

关注残疾人的心理健康不仅是实现共享社会发展、促进社会公平正义的必然要求，也是对新时期全民健康行动方案的响应和落实。与视力残疾、智力残疾、肢体残疾、精神残疾等其他类型残疾人不同的是，听力和言语残疾人的思维、感知观察、运动机能等通常正常，外表看起来与常人无异。但由于言语和听力上的缺陷，他们接受和加工信息、沟通、表达等方面的能力往往低于健听人群，在受教育、职业选择、社会参与等方面的机会更少，他们往往自我封闭、敏感，存在较多的心理社会适应问题。在当前社会背景下探索和构建听障青少年心理健康社会服务模式，体现了残疾人健康发展的诉求，对于社会安定发展亦具有重要意义。

一、法规政策的支持与引领

（一）残疾人事业发展历程

我国政府向来高度重视包含听障在内的残疾人事业发展。新中国成立后，残疾人获得了平等地位。各地开始兴办盲童学校、聋哑学校、培智学校等特殊教育学校。二十世纪五六十年代先后成立中国聋哑人福利会、中国盲人聋哑人协会，鼓励残疾人参与自身事务的管理。

改革开放以来，我国为促进残疾人事业发展和权益保障实施了一系列的重要举措。1987年开展了第一次全国范围的残疾人抽样调查，推算出全国各类残疾人总数约5164万人，其中听力语言残疾人约1770万人。1988年成立中国残疾人联合会（简称"中国残联"）。1991年颁布实施的《中华人民共和国残疾人保障法》，对残疾人康复、教育、就业、文化生活、环境、法律责任等方面做出具体规定，其中第十四条提出"以康复机构为骨干，社区康复为基础，残疾人家庭为依托；以实用、易行、受益广的康复内容为重点，并开展康复新技术的研究、开发和应用，为残疾人提供有效的康复服务"。

"十一五"期间，中共中央、国务院印发了《关于促进残疾人事业发展的意见》，提出加快推进残疾人社会保障体系和社会服务体系建设。"十二五"期间，基本公共服务体系初步建立，残疾人生存发展状况显著改善。"十三五"时期是全面建成小康社会的决胜阶段。2016年，中共中央、国务院印发了《"健康中国2030"规划纲要》（以下简称《纲要》），指出要将全民健康理念普惠于全人群，不断完善制度、拓展服务、提高质量，突出解决好残疾人等重点人群的健康问题，将残疾人康复纳入基本公共服务，实施精准康复，为城乡贫困残疾人、重度残疾人提供基本康复服务。根据《纲要》和相关政策，2016年由国家22个部门联合印发的《关于加强心理健康服务的指导意见》，指出各级政府和相关部门要将残疾人心理健康服务作为工作重点，通过培训专业或兼职社会工作者和心理工作者，为残疾人提供心理辅导、情绪疏解等心理健康服务。2017年国务院颁发的《残疾预防和残疾人康复条例》，提出综合性的康复服务。党的十九大对健康中国战略做出了重大决策部署，强调要"加强社会心理服务体系建设，培育自尊自信、理性平和、积极向上的社会心态"。就目前来讲，人民大众对于美好生活的需要已经不仅仅停留在"物质需要"的层面，而是更加注重"心理需要"。2019年，《健康中国行动——儿童青少年心理健康行动方案（2019—2022年）》（以下简称《方案》）指出儿童青少年心理健康工作是健康中国建设的重要内容。各级卫生健康、教育等部门要依托精神卫生医疗机构、学校、科研院所等开展青少年学生心理健康的相关基础研究和应用研究。《方案》强调特别关爱贫困、留守、残疾等处境不利的学生，必要时可以开展心理干预。2022年10月，习近平总书记在党的二十大报告中提到要推进健康中国建设，完善残疾人社会保障制度和关爱服务体系，重视残疾人心理健康和精神卫生等。

残疾人事业发展的历程也是各项法规政策不断完善和体系化的过程，权益保障由平等参与到共享共建，对残疾人不再单向地提供救助，而是创设条件鼓励和支持他们积极主动参与社会成果的共享共建。从中可以发现，对残疾人的社会服务经历了由身体康复训练到综合性的康复服务，再到心理健康服务，不仅有对其健康问题的预防和干预，更强调他们的获得感和幸福感的提升。上述法规文件中的残疾人康复模式为听障青少年心理健康社会服务模式的构建提供了法律依据和参照。

（二）地方性法规政策的促进与保障

为了促进残疾人群体平等地参与到社会生活，各地根据《中华人民共和国残疾人保障法》（2008）、《国务院关于印发"十四五"残疾人保障和发展规划的通知》（2021）及其他各类法规政策，结合本省实际情况，也出台了一些相应的促进和保障措施。例如，山东省政府印发的《山东省残疾人事业发展"十四五"规划》（2021）指出，要强化残疾人心理健康服务，《山东省残疾预防和残疾人康复条例》（2022）明文规定县级以上卫生健康主管部门要强化重点人群心理健康服务，组织开展心理危机干预和心理援助，各级各类学校配备或聘请心理健康教育教师及辅导人员，对学生进行心理健康教育等。此外，山东省人民政府还印发了《山东省促进残疾人就业三年行动实施方案（2022—2024年）》（2022）、《山东省"十四五"特殊教育发展提升行动计划》（2022）等政策文件，从医学、社会工作、康复、教育等多方面、多层次地保障和促进残疾人健康发展。关于听力残疾人群的健康服务政策也相继出台，如山东省卫健委和省残联印发了《山东省听力残疾儿童人工耳蜗康复救助项目管理实施细则》（2019）、《山东省防聋治聋专项行动方案（2022—2025年）》（2022）等，这些文件更多强调了对听力残疾的防治宣传教育、早期筛查和干预、康复干预、无障碍服务，形成防聋治聋的服务体系。上述系列文件的颁布和实施，为我们以山东为试点探索听障青少年心理健康社会服务模式提供了政策上的指导和保障。

（三）心理健康社会服务的全面开展

我国残疾人的社会救助工作经历了从无到有、从有到优的过程，在1949—1978年期间，主要是收养、救济等形式的社会救助。改革开放后，随着经济的快速发展，对残疾人的社会救助也从关注生存需要转向了关注教育、就业、参与社会生活等发展性需要，逐步建立了由国家、社会机构、家庭及个体共同参与的社会救助机制（张延辉，2008）。党的十八大以来，随着健康中国战略的提出和实施，逐渐形成了以全民健康为中心的社会服务模式，对残疾人的心理社会服务不仅包含了身体康复、教育、职业、社会参与等方面的帮扶，还包含了心理健康服务和危机干预等，彰显出"积极性"和"包容性"（姚进忠，陈蓉蓉，2019）。在对听力残疾人的社会服务方面，各地也因地制宜开展了相应的活动，各省市残联、听力康复中心、社区等为听障儿童青少年提供人工耳蜗、助听器等辅助器具服务，开展以"爱耳""心理健康"为主题的专题讲座。这也表明对听障群体的康复服务体系中增加了越来越专业的心理健康服务。例如，河北省唐山市听力残疾人健康服务体系不仅包含听力评估检查、康复等救助服务，还组建了包括精神科医生、心理治疗师、护士、心理咨询师、社工、志愿者等在内的专业团队，为听障者提供心理讲座和心理咨询，促进其身心健康。目前对于听障人群心理社会服务的形式和功能日益多元化，学校也日益重视和完善对包含听障学生在内的心理健康教育体系。这些多元化的活动形式也为我们探索和构建听障青少年心理健康社会服务模式提供了实践参照。

二　个体健康发展的诉求

听障青少年具有残障群体和青少年的双重特征。一方面，受听力和言语表达的局限，在获取和加工信息、沟通及表达上比听力健全的青少年面临更多的困难，其学习、生活、人际交往会出现更多的适应不良，甚至可能遭受校园欺凌，比健听人群更容易产生心理健康问题（Aanondsen, Jozefiak, Lyderson, et al., 2023; 邹山丹, 2022）。有研究发现，听障儿童青少年情绪与行为问题的发生率大约是同龄健听群体的2倍（Overgaard, Oerbeck, Wagner, et al., 2021）。另一方面，处于青春期的听障青少年，生理和心理发展不平衡，更容易产生焦虑、抑郁、自伤等（Butcher, Cortina-Borja, Dezateux, et al., 2022; 吴汉, 徐夫真, 张珍珍, 2015）。残疾青少年心理问题的检出率由高到低分别是恐怖倾向、身体症状、焦虑以及冲动（李祚山, 胡晓, 2004）。张宏华和郝小平（2004）对127名残疾大学生的研究发现，有心理障碍者为78人，检出率高达61.4%。英国在一项对13~21岁听障青少年的研究中发现，有46%的听障青少年符合《精神障碍诊断与统计手册（DSM-IV）》中的精神障碍标准，其中有情绪障碍的占27%，有行为障碍的占11%，有其他障碍的占8%（Van Gent, Goedhart, Hindley, et al., 2007）。此外，研究发现，共患其他身体残疾的听障青少年需要的心理支持更多（Fellinger, Holzinger, Pollard, 2010），共患其他残疾的听障青少年的心理问题检出率是听障青少年的3倍（Dammeyer, 2010）。听障青少年的心理健康不仅关乎其自身当前及以后的生活质量，更关系到家庭和谐和社会安定。因此，亟需探索和实施适合这一特殊群体的心理健康服务模式。

听障青少年心理健康需求总量较大，在健康中国战略的背景下，探索和实施科学的心理健康社会服务，不仅可以满足和改善听障青少年的健康水平，也能够体现社会的公平正义，使听障青少年及其家庭更有获得感、幸福感、安全感。

三 理论依据

听障青少年心理健康社会服务是一项专业化且具有针对性的活动，其指导理论是多元的，以下主要从心理学理论和社会工作理论进行阐述。

（一）社会融合理论

社会融合理论（Social Inclusion Theory）是一种社会政策概念框架，旨在通过减少歧视、创造平等的机会以及提供必要的资源，确保社会中的特殊个体和群体能够全面参与社会、经济和文化生活，享受与社会中其他成员相当的生活水平和福祉（张豫南，2023）。这一理论强调了社会的多元性和包容性，强调建立一个更加公正和平等的社会秩序，为包括听障青少年在内的残疾人及其他处境不利的个体平等地参与社会提供了理论指导，确保他们在医疗、康复、学习、生活、就业、托养等方面获得平等的机会、资源和权利，使他们能够融入正常的生活和社会交往中，获得应有的尊重，实现全面发展。

（二）增能理论

增能理论（Empowerment Theory）也称为社会增权理论。20世纪90年代以来，"增能"逐渐成为社会工作范畴内崇尚的价值理念和工作模式之一。增能理论是国内外社会工作研究的重要内容，也是残疾人康复研究的重要理论。可以从个体、人际关系、社会三个层面来理解增能理论。其一，在个体层面上，增能理论旨在让社会弱势群体相信自己有能力做好某些事情，并能够依靠自己获得所需要的东西；其二，在人际关系层面上，能与他人友好相处。在此过程中能够使个体的自信心得到增强；其三，在社会层面上，能够合理安排家庭、社区或社会等系统资源的能力（王姗姗，韩梅，郭晨涛，2016）。增能理论遵循了积极的发展观，认为不能片面地将社会弱势群体视为需要被照顾的对象，他们是不断发展的、有潜力的、可以被改变的。可以通过社会服务增强个体原有的能力以及自信心，减轻他们对自身"拖累"社会的负罪感，尽可能地帮助他们参与到社会活动中。在实践中，我们发现单纯的救助和保护只能满足听障人群的基本生存需要，这会弱化他们融入社会的积极动力。因此，我们推崇健康中国战略所倡导的对残疾人"赋力增能"，帮助他们发现自身及外界的积极资源，激发其内在动力，使其接纳自我，支持和鼓励他们以社会建设者的身份来享受社会发展成果，增强信心和获得感，在共筑中国梦的进程中实现幸福人生。

（三）正常化理论

正常化理论（Normalization Theory）源于残疾人社会保障理论模式，强调将残障者作为社会中无差别的个体，残障人士应该在正常的社会环境中过常人的生活，与普通人、主流社会文化保持联系，而不是将他们作为特殊人群与社会中的大多数人隔离开（胡仕勇，2012）。研究者将正常化理论充分应用于社区工作中（王慧，2014），从人际交往、经济条件、生活设施、工作和学习环境等方面提供相应的服务。构建系统的心理健康社会服务模式，就是要整合和运用多方资源，在全民健康发展的理念下，让听障青少年平等享受公共资源，在正常的生命历程和交往中得到应有的尊重，平等参与社会生活，共享共建社会成果，这也是我国法规政策在社会工作领域的具体体现。

四 研究的意义

听障青少年心理健康社会服务模式的研究涉及心理学、特殊教育学、社会学、精神卫生学等相关学科领域，是一项跨学科、跨领域的综合性研究课题。本课题基于理论综述和实证研究提出关于听障青少年心理健康社会服务模式的构想，并对这一模式进行了检验、修改和完善，实现了理论与干预的相互增进，是循证的综合研究。在健康中国战略的时代背景下，关注和助力听障青少年的心理健康和素质提升具有重要的理论和实践意义。

（一）理论意义

首先，本课题对听障青少年心理健康进行了操作定义，考察了听障青少年心理健康的一般特点及个体、家庭、学校等影响因素，构建了听障青少年心理健康社会服务模式，在研究结果上丰富和拓展了已有相关领域的成果，进一步支持和发展了与残障群体的心理健康、康复训练和特殊教育等有关的理论，有助于增加残障群体心理发展研究的深度和广度。同时，课题也为特殊教育教学和康复训练提供有益的启示和借鉴。

其次，本课题基于理论研究和实证研究，通过对听障青少年、家庭、学校、社区、卫健部门及残联等的调研和访谈，提出了听障青少年心理健康社会服务模式并予以实施和检验，不仅体现了理论研究、实证研究和实践干预的整合，还体现了听障青少年心理健康的循证服务模式，是对已有听障群体心理健康社会服务的理论或模式的补充，也为后续听障青少年心理健康社会服务理论和实践提供有力的事实依据。

再次，本课题研究聚焦听障青少年心理健康及社会服务，不仅关注听障青少年的心理健康问题、家庭教养中的困扰、学校心理健康教育及其他社会服务中的局限，更关注听障青少年的诉求及其内在和外在的发展资源，为相关部门在听障青少年心理健康领域制定更加科学合理的政策提供了参考。

（二）实践意义

首先，有助于促进听障青少年自身的心理健康及积极发展。课题从自我发展、情绪、行为、学业等方面考查了听障青少年的心理健康水平，筛查出他们存在的心理与行为问题，同时也对他们自身的潜在积极资源予以评估和发掘，不仅关注问题干预，更重视促进听障个体的积极发展。从帮扶救助向赋力增能和共享共建的方向进行转变，提升听障青少年自我接纳和效能感，促进其主动发展。

其次，有助于特殊学校心理健康教育实践。学校是听障青少年心理健康社会服务的重要基地，本课题构建了学校心理健康服务的整体框架，涵盖了家校社合作、教师教育、课程设置、团体活动、知识科普、心理问题评估及危机干预、个别咨询等多个方面，整体上提高了特殊教育学校心理健康教育的规范性、系统性和实效性。依托学校进行的家庭教育指导活动也增加了对听障青少年心理健康服务的辐射面和影响力。

再次，促进家长自我关照及身心健康。听障青少年的父母所需要的不仅仅是有关求助帮扶、教育子女等的支持，他们自身也需要心理上的关照和支持。课题同样关注听障青少年父母的身心健康，支持其自我关照及获得"喘息"服务，父母的健康同样也会直接或间接地促进听障青少年的健康。

心理健康社会服务模式是关注听障学生心理健康教育进一步发展的必然结果，也是社会治理的现实需要，归根结底是基于人、为了人、服务人的一种实践活动。该模式倡导在社会工作视角下开展心理健康服务，满足残疾群体正常社会化的需要，探索社会工作如何有效服务于残疾学生群体的心理健康服务实践。该模式的研究也有助于在残疾学生康复工作中针对不同的需求差异，提供有针对性的心理健康服务。这一研究对于合理分配资源、增强对残疾人的心理健康服务能力、提高服务质量等多个方面都具有实践意义。

# 第二节 听障青少年心理健康社会服务的研究综述

一 基本概念

（一）听障青少年的界定

听障即听力障碍，指个体由于先天或后天因素出现不同程度的听力损失，无法正常接收语音信号及周围环境中的声音刺激的情况（Adigun，2020）。从临床医学上看，听障是指听觉系统中的传音、感音、神经传导或听觉中枢的病损或功能障碍引起的听力减退。在病因症状及治疗方法上，听障与耳聋、听力残疾有所区别。本课题研究中所涉及的听障青少年是被认定为具有听力残疾的14~24岁群体。与听力健全（以下简称健听）的青少年相比，听障青少年认知发展相对缓慢，他们普遍入学较晚，平均年龄要长于相同学段的健听学生2~3岁。听障青少年日常生活和学习中的交流主要通常依靠唇读、手语、书面语以及其他面部和肢体语言，听障青少年之间以及与健听青少年的沟通交流存在较大困难。先天性听力残疾多与遗传性疾病或围产期因素有关，后天性听力残疾是在出生后，由于各种原因如高热传染病、药物中毒、头部外伤等造成内耳或听神经病变致残。根据吕红平、黄思慧、何禄康（2019）对听障人群15种听障致残原因的研究中发现，原因不明致残人数最多，占29.42%；其次是遗传致残占17.32%；中耳炎和药物中毒致残的分别占14.19%、13.23%。虽然近年来我国的医疗技术取得了很大的进步，但是由于听力致残原因较为复杂，很多听力残疾儿童的致残原因仍不能确定。从具体的致残原因看，遗传仍是主要的致残病因，需要在计划免疫、新生儿出生缺陷干预和优生优育等方面继续加大工作力度。

来自《世界听力报告》（World Report on Hearing）（2021）的调研数据显示，约有15亿人患有不同程度的听力损失，将近占世界人口的20%。无论是个人还是社会都面临着巨大的压力和挑战。根据世界卫生组织的数据，全球大约有4660万青少年听力受损，占总人口的6.1%。我国有关听力障碍的流行病学研究始于20世纪80年代（胡向阳，龙墨，韩睿等，2016），根据1987第一次全国残疾人抽样调查报告，我国有听力、言语残疾的人口约1770万，占总人口的2.04%。2006年第二次全国残疾人抽样调查公布的数据发现，我国6~14岁学龄残疾儿童为246万人，其中听力残疾儿童约11万人。在接受普通教育或特殊教育的残疾学龄儿童中，听力残疾儿童占85.05%。在某些国家或地区，听力障碍的流行率可能较高，特别是在一些医疗条件有限的发展中国家或贫困地区。由于听力损失程度和评定标准的差异，流行病学的调查结果可能也会有一定的差异。另外，流行率也可能与环境因素和遗传因素有关。

听障给个体生活带来极大的不便，影响了个体的沟通、语言、认知、教育、就业、情绪、心理健康、人际关系等很多方面。例如，听不到声音和沟通困难、言语理解和语言缺陷、认知发育迟缓、学习成绩差、辍学风险高及受教育水平相对更低、缺乏职业和决策能力、就业率低和失业率高等，孤立感和孤独感更强、焦虑和抑郁比例高、社交退缩、更容易偏激和愤怒、存在人际误解和冲突、身份认同等。听障还会影响到家庭成员的社交功能，增加成员在人际关系、经济及精神等方面的压力。同时也对社会的卫生保健、教育、生产力以及社会成本都造成了不同程度的影响。可见，促进听障青少年的健康发展对于个人、家庭和社会都具有重要意义。

（二）听障青少年心理健康的界定

综观国内外关于心理健康的界定，比较一致的观点是，心理健康不仅包含个体良好的心理状态或体验，也包含个体维持良好状态的能力，以及充分发挥自身潜能以适应社会并为社会良性发展做出贡献的能力。结合心理健康的基本概念和听障青少年的身心发展特点，从以下几个方面来理解听障青少年的心理健康：具有自我接纳、自知和自控能力；能够发现和发挥自身的优势或潜能；能够保持积极的情绪状态，识别、调节和合理表达情绪；能够适应学校集体生活，适应学业及职业训练；对未来有期待和规划。

听障青少年心理健康与个体、环境、社会经济文化等因素有关。听障青少年心理发展特点、听力缺损程度、自我认知和自我接纳程度、早期生活经验、家庭社会经济地位、父母教养、学校育人环境、教师和同伴、社区环境及服务、社会发展水平及相关政策支持、对残疾人的态度、发展与就业的机会等均可能影响心理健康。因此，在健康中国战略部署下，心理健康发展是听障青少年康复服务系统的一个重要组成部分，需要国家政策支持、各职能部门的联动，以及家庭、学校、社区及个人的协作。

（三）心理健康社会服务

心理健康社会服务是指为促进民众身心健康，提高心理素质和心理适应能力，提供专业的心理健康教育、心理咨询、心理治疗、心理康复，以及危机干预等多样化的心理健康服务，促进服务对象的社会适应，提升生活质量，进而促进社会和谐发展，是社会服务保障体系的一个重要组成部分（梁国越，何文美，2023）。根据全国社会心理服务体系试点相关方案文件，心理健康社会服务不仅帮助个体和社群改善心理健康和社会福祉，同时也致力于推动社会公平公正，保障弱势群体的权益，促进社会和谐与稳定。

心理健康社会服务的内容丰富多样，包括面对广大民众的心理健康知识科普，对存在心理困扰个体或群体的心理咨询、心理治疗和心理干预等服务，对弱势群体、特殊群体或患有心理疾病的个体提供社会支持和转介服务，参与制定和实施有关心理健康和社会福祉的政策措施，推动社会保障体系的健全和完善等。

二 听障青少年心理健康社会服务模式

包括听障在内的残疾人心理健康社会服务是康复服务的重要组成部分，除心理健康社会服务的基本内容之外，还要提供康复辅导服务，帮助听障青少年适应和接纳残疾状态，发展和恢复其社会功能，鼓励他们正视困难和积极面对生活，从弱势中发现优势资源，增强他们的自信心和自我管理能力；不仅促进听障者之间的交流和互动，还鼓励和帮助他们与健听个体之间的交流，减少他们的孤立感和社交隔离，建立社会支持网络；提供适合听障特征的生涯规划指导；为听障青少年健康发展提供必要的法律援助，帮助他们维护自身权益和减少身心伤害。

提供有效的社会服务促进听障青少年的心理健康发展，是各国共同面对的社会问题，也是共同追求的目标。下面简单介绍国内外与听障青少年群体相关的心理健康社会服务模式。

（一）国外听障青少年社会服务模式

日本对于残疾人群的社会服务理念是：无论人有无残疾都应该相互尊重，发展自身独立性。对残疾人的社会保障强调人道主义、以人为本、公平共享（高晓平，牟民生，周沛，2018）。学校在入学考试时为听障考生安排专门考场并提供必需的辅助设备，为在校听障学生单独提供教学活动。除高校工作外，日本的社区服务工作中包含社区工作人员与职业教练员。前者每周定期为听障青少年提供心理咨询、简单的生活帮助或辅助设备，后者则是在工作场所提供帮助。另外，在无障碍环境服务方面提倡无障碍社区。其中一些购物场所和图书馆会为听力障碍者配备专业的手语工作人员（刘乐，2011）。20世纪90年代以后，日本开始重视听障青少年的家庭支持服务，包括"完善家庭支持服务"和"完善包括父母过世后听障青少年的自立支持"两方面，该服务的制定是为了让父母在照顾听障青少年的同时也能够有时间做自己的工作（门田光司，2016），既照顾了听障青少年的身体健康，又照顾了家庭其他成员的心理健康。

英国对听障青少年的社会服务主要体现在学校、社区、家庭等方面。采取"因为特殊，所以特殊对待"的原则，构建了较为完善的服务模式。1992年，英国白皮书《选择与多样性》明确规定地方政府应给听障学生提供特殊教育经费和教育安置需要。在这一政策的驱动下，越来越多的听障学生可以自由选择就读学校（景时，邓猛，2013）。1994年《特殊教育需要鉴定与评估实施章程》提出不管是普通学校还是特殊学校，都应该配备特殊教育教师，负责帮助听障学生建立档案，协调家校和校外特教机构对听障学生进行教育的各项事宜（皮悦明，高文涛，王庭照，2020）。以德蒙福特大学为例，组建了专业的学术服务团队和生活服务团队来帮助听障学生。学术服务通常是提供咨询与支持，如上课时提供手语翻译、助听器等；生活服务主要是提供专业的心理健康团队，或者帮助安排有听力设备和贴身照顾者的房间等（杨中枢，周焕春，何转霞，2018）。苏格兰爱丁堡聋人大学为听障学生提供了各种支持和服务，例如，听障图书馆、手语翻译、字幕和口译服务等，还提供专门的学习支持教练、就业服务、心理咨询和人际交往培训等。在社区服务方面，英国强调社区照顾，即让听障青少年的家人、朋友、邻居以及社区志愿者为其提供服务，以便帮助听障青少年了解自己生活的社区并参与到社区的活动中来。其中最有代表性的是独立生活中心，它是以社区为基础的非营利组织。该中心为听障青少年提供的服务多种多样，包括但不限于对有需要的听障青少年进行心理咨询、抚养家庭困难的听障青少年或听障孤儿、给予听障青少年所需的生活物资、培训听障青少年掌握必备的生活技能，以及提供上门教育和护理服务等（邓冉，2017）。

美国在听障学生入学方面采取"零拒绝"的策略，为他们设计个性化的教育方案。该方案以父母为主、任课教师及专业人员为辅，根据听障学生的身体情况、评估结果和父母意见设计，以促进听障学生的学习效果（高杭，2010）。

美国非常重视特殊教育师资的培养（黄建辉，2022）。在社区服务方面，美国为有需要的听障青少年提供社区居住服务，包括特殊寄养、家庭照顾、团体之家、膳食及监护之家、个人照顾中心和支持性独立生活6个方面，服务内容涉及食宿、交通、个人照护、家务管理、非医学的咨询服务、团体或社会化活动、药物治疗协助、个案管理、个人紧急状况应答等多个领域（闫蕊，2011）。在家庭服务方面，实施个别化家庭服务计划，帮助父母根据孩子的残疾情况选择需要的家庭服务等。

（二）国内听障青少年社会服务模式

20世纪80年代以来，随着社会经济的快速发展，我国政府对听障残疾人的社会服务工作越来越重视。1988年发布的《发展残疾人事业的五年规划》强调要建设以青少年为重点的全国各层次残障预防与服务模式。在受教育方面，教育部门大力推进融合教育，发布了盲、聋、培智三类特教学校义务教育课程标准，对特殊教育学校开展课堂教学及随班就读工作等都做出系统部署。目前我国基本形成了"以普通学校随班就读为主体、特殊教育学校为骨干、送教上门为补充"的特殊教育格局（杨希洁，2010）。

由于听障学生受限于身体条件，在高等教育入学就读方面，往往较同龄学生有先天劣势，为了更好地体现教育公平，让高等教育惠及每一个人，我国各级残联及教育部门已建立并逐步完善残疾学生助学体系和激励机制，显著提升了残障学生受教育质量。例如，在招生考试时，听障学生可以通过单独考试进入高等特殊教育学校或普通高等学校设置的特殊专业就读，招生考试时可为听障学生免除外语听力考试等。全国有多所高校设有专门招收听障学生的特殊教育学院，高等学校中为听障大学生开设的各类专业达20余种，如视觉传达设计、计算机科学与技术、服装与服饰设计等，涉及艺术学、工学、理学、教育学及管理学等学科（杨文娟，1994）。

在社区服务方面,《"十四五"特殊教育发展提升行动计划》(2021)提到,要坚持促进公平、实现共享,坚持尊重差异、多元融合。我国以社区为平台开展社区融合活动,为听障青少年提供融合互动交流的环境和实践的空间,使其平等享受社区资源。例如,有社区成立全国首个手语视频服务试点,越来越多的社区不仅帮助听障青少年和家庭获取康复器材、助听设备、医疗服务、经济救助等,还提供如心理健康、咨询、就业、矛盾调解及法律援助等服务。我国建立了专门针对听障家庭的社会支持体系,例如,社区或学校邀请特殊教育领域的专家及康复专业人员定期为听障青少年父母举办知识讲座,帮助父母了解听障青少年的心理发展特点、生活习惯和最佳的成长环境,指导家长在日常生活中对听障青少年进行康复训练。为家庭提供"喘息"服务,让有需要的听障及其他残疾人的父母或家人有喘息的机会,缓解父母的身心压力。山东某聋哑学校根据听障家庭的需求设计出了"一揽子"家长课程,其中包括亲子课程、康复课程、心理健康课程、技教融合课程等。多所学校通过线上、线下方式与听障学生家庭共享共建教育资源(王京强,王信宝,孙贝贝,2022)。这些政策和保障措施充分体现出改革开放以来我国对听障人群的重视。我国在学校、社区和家庭工作等方面的成功实践也为国际社会贡献了独特经验。

三 启示和挑战

目前在我国社会生活中,心理健康社会服务体系建设越来越受重视,初步形成了系统整合的有效机制,关于针对听障及其他残疾人的心理健康社会服务也在已有的康复服务系统上得以不断发展和丰富。已有的法规政策和保障措施提供了良好的制度保障,各职能部门、学校、社区以及家庭积极主动参与,各地也因地制宜地开展了相应的健康服务活动并取得了明显的效果,但在针对性、系统性、科学性和专业性上还存在一定的局限。听障青少年在理解心理健康知识和使用心理健康服务上落后于健听青少年,常因为沟通不畅导致心理服务效果差，参与度低。随班就读的听障青少年往往难以与听力健全的同学保持良好的沟通，他们在学校里很少会获得同伴支持，很可能会长期遭受同伴欺凌。在家庭中与父母沟通不良、被父母嫌弃和歧视的听障青少年出现心理问题的可能性更大（Fellinger, Holzinger, Beitel, et al., 2009）。从心理社会服务的情况来看，现有的心理健康服务从数量和质量上均不能满足听障青少年心理健康发展的需求。傅克礼、张金标、钱敬才等（2005）在对河北9106名残疾人的调查发现，有882人需要心理健康服务，约占总人数的9.7%。何小英、杨秋苑、邓爱玲（2008）对广州地区633名残疾人进行康复需求调查发现，需要心理健康服务的人数约占总人数的10%。戴佳慧、蒋收获、陈刚（2008）在"康复服务送上门"的研究中发现，在1183名残疾人当中，康复上门服务选择"心理咨询"的约592人。钱耐思、谢静宜、郑钢等（2009）在研究中发现，在基础康复服务中，听障青少年对于康复医疗、心理辅导、康复知识科普等需求普遍较高，其中需求最高的则是心理辅导。

从对已有国内外文献的梳理来看，目前国际上越来越重视对残疾人群体的综合服务。听障青少年心理健康社会服务也应是国家职能部门、社会机构、社区、学校、家庭和个人联合互动的、科学的、行之有效的服务。这为本课题构建听障青少年心理健康社会服务模式提供了积极启示。

（一）学校心理健康教育

心理健康教育师资相对短缺。目前大部分地区仍存在学校少、需求大、听障教师供不应求的问题。就特殊教育学校而言，有的教师具有专业知识，但无法准确使用手语教学，而具备手语翻译能力的教师缺乏系统的知识与技能，能够流畅使用手语的心理健康教育教师相对更少。这也说明心理健康教育教师需要通过就职前或在职教育培训掌握与听障学生沟通的技能，以及采用非言语的心理辅导或咨询方式。

应重视听障程度较轻的青少年随班就读，接受融合教育。在普通学校就读的听障学生其心理适应能力、认知水平等方面发展得更好，能够更快融入社会（徐琴芳，郭淑煜，蔡俐等，2018）。心理健康社会服务要具有融合教育意识，不仅鼓励听障青少年之间的交流互动，更要创造条件支持和推动他们与健听群体的交流协作。

（二）社区服务

社区服务是听障青少年心理健康服务体系的组成部分之一，具有上引下达的连接作用，是为听障家庭提供支持的近端机构，也是落实国家和各职能部门的基层单位。但目前各社区也普遍缺乏专业人员，无法为听障青少年提供及时的心理援助。这也说明在心理社会服务体系的建设中，各社区要适当增加社工或心理健康专业的工作人员，能够及时提供日常的心理保健及必要的心理援助，全方位、多角度构建"以社区为基础，家庭为依托"的社区服务网络。

（三）家庭层面

听障青少年的父母承受着更多的教养压力、经济压力、心理压力。听力健康的父母在学习和掌握手语上存在较大困难，与听障孩子之间缺乏有效的沟通。对于同样存在听障的父母来说，由于他们自身无法融入正常群体，在工作、交友方面的经历有限，在社会适应与发展上给予孩子的帮助极为有限。有些父母将孩子听障的原因归罪于自己而过度自责，因此会竭尽全力照顾孩子，导致听障青少年出现过度依赖或自卑；也有父母因为压力大而归罪和惩罚孩子，他们甚至会因孩子而产生病耻感，回避社交。所以，为听障青少年的父母提供心理健康服务，帮助他们缓解自身的压力，也会直接或间接地促进听障青少年的心理健康。

目前，关于听障青少年的心理健康社会服务仍面临着许多新的挑战，落实和践行健康中国战略决策，需要职能部门的统筹规划和政策引导、科研院所的学术支持、社会机构的有益补充、家校社医残的合作及听障青少年个体的充分参与和配合等。

参考文献

［1］ 张延辉. 我国残疾人社会保障制度绩效评价研究［D］. 长春: 吉林大学, 2008.

［2］ 姚进忠, 陈蓉蓉. 中国残疾人社会福利70年：历史演进和逻辑理路［J］. 人文杂志, 2019,（11）: 1–10.

［3］ Aanondsen, C. M., Jozefiak, T., Lydersen, S., et al. Deaf and hard-of-hearing children and adolescents' mental health, quality of life and communication［J］. BMC Psychiatry, 2023, 23（1）: 1–13.

［4］ 邹山丹. 听障大学生心理健康教育体系构建研究［J］. 绥化学院学报, 2022, 42（10）: 39–42.

［5］ Overgaard, K. R., Oerbeck, B., Wagner, K., Friis, S., Øhre, B., & Zeiner, P. Youth with hearing loss: Emotional and behavioral problems and quality of life［J］. International Journal of Pediatric Otorhinolaryngology, 2021, 145: 110718.

［6］ Butcher, E., Cortina-Borja, M., Dezateux, C., & Knowles, R. The association between childhood hearing loss and self-reported peer victimisation, depressive symptoms, and self-harm: Longitudinal analyses of a prospective, nationally representative cohort study［J］.BMC Public Health, 2022, 22（1）: 1045.

[7] 吴汉, 徐夫真, 张珍珍. 听障青少年自我概念与疏离感:友谊支持的调节作用[J]. 中国特殊教育, 2015,（11）: 31−35+55.

[8] 李祚山, 胡晓. 听觉障碍儿童的心理健康及其影响因素研究[J]. 中国特殊教育, 2004,（8）: 56−59.

[9] 张宏华, 郝小平. 高校残疾学生心理健康状况的调查[J]. 中国校医, 2004,（4）: 329.

[10] Van Gent, T., Goedhart, A. W., Hindley, P. A., & Treffers, P. D. Prevalence and correlates of psychopathology in a sample of deaf adolescents[J]. Journal of Child Psychology and Psychiatry, 2007, 48（9）: 950−958.

[11] Fellinger, J., Holzinger D., & Pollard R. Mental health of deaf people[J]. The Lancet (British Edition), 2010, 379（9820）: 1037−1044.

[12] Dammeyer, J. Psychosocial development in a Danish population of children with cochlear implants and deaf and hard-of-hearing children[J]. Journal of Deaf Studies and Deaf Education, 2010, 15（1）: 50−58.

[13] 张豫南. 社会融合导向下残疾人辅助性就业服务发展的运作逻辑及路径优化[D]. 南京: 南京大学, 2023.

[14] 王姗姗, 韩梅, 郭晨涛. 增能理论视阈下聋人大学生就业问题研究[J]. 中州大学学报, 2016, 33（2）: 101−104.

[15] 胡仕勇. 残障者社会保障理论发展史论纲[J]. 武汉理工大学学报（社会科学版）, 2012, 25（6）: 840−845.

[16] 王慧. 正常化视角下成年智障人士社区化服务模式研究——以Z机构为例[D]. 济南: 山东大学, 2014.

［17］Adigun, O. T. Depressive symptomatology among in-school adolescents with impaired hearing［J］. Humanities and Social Sciences Reviews, 2020, 8（2）：931-940.

［18］吕红平, 黄思慧, 何禄康. 残疾人脱贫：脱贫攻坚的硬任务［J］. 人口与健康, 2019, （10）：48-51.

［19］胡向阳, 龙墨, 韩睿 等. 吉林省全人群听力障碍流行状况调查［J］. 中国康复理论与实践, 2016, 22（3）：330-334.

［20］梁国越, 何文美. 高职院校教职工心理关爱体系建设存在问题与优化路径——基于桂南N职业技术学院的个案考察［J］. 山东工会论坛, 2023, 29（5）：90-100.

［21］高晓平, 牟民生, 周沛. 残疾人发展理论研究［M］. 南京：南京大学出版社, 2018.

［22］刘乐. 日本残障人员的社区康复服务介绍［J］. 北京劳动保障职业学院学报, 2011, 5（2）：16-18.

［23］门田光司. 日本残疾儿童家庭支持现状及建议［J］. 残疾人研究, 2016, （2）：69-72.

［24］景时, 邓猛. 英国的融合教育实践——以"特殊教育需要协调员"为视角［J］. 学习与实践, 2013, （6）：127-133.

［25］皮悦明, 高文涛, 王庭照. "特殊"到"全纳"：英国特殊教育百年发展述评［J］. 比较教育研究, 2020, 42（5）：98-105.

［26］杨中枢, 周焕春, 何转霞. 英国大学残疾人支持服务体系及其启示——以德蒙福特大学为例［J］. 岭南师范学院学报, 2018, 39（5）：34-38.

［27］邓冉. 英国残疾人保障制度对我国的启示研究［J］. 劳动保障世界，2017，（23）：7-8.

［28］高杭. 美国《残疾人教育法案》：法理、实践及其公平意义［J］. 中国特殊教育，2010，（7）：23-25.

［29］黄建辉. 美国特殊教育教师短缺治理的经验及其启示［J］. 中国特殊教育，2022，（6）：78-85+42.

［30］闫蕊. 美国残疾人居住及相关服务制度的演变［J］. 残疾人研究，2011，（4）：70-72.

［31］杨希洁. 随班就读学校残疾学生发展状况研究［J］. 中国特殊教育，2010，（7）：3-10.

［32］杨文娟. 中国残疾人高等教育概况［J］. 现代特殊教育，1994，（2）：3-4.

［33］王京强，王信宝，孙贝贝. 学前听障儿童家庭教育指导服务模式探索［J］. 现代特殊教育，2022，（3）：65-67.

［34］Fellinger, J., Holzinger, D., Beitel, C., Laucht, M., & Goldberg, D. P. The impact of language skills on mental health in teenagers with hearing impairments［J］. Acta Psychiatrica Scandinavica, 2009, 120（2）：153-159.

［35］傅克礼，张金标，钱敬才，等. 南皮县残疾人康复需求调查的实施与结果分析［J］. 中国康复理论与实践，2005，11（2）：157-158.

［36］何小英，杨秋苑，邓爱玲. 广州市残疾人康复需求调查分析［J］. 中国康复理论与实践，2008，14（2）：198-200.

［37］戴佳慧, 蒋收获, 陈刚. 残疾人对"送康复服务上门"工作的满意度调查［J］. 中国康复理论与实践, 2008, 14（6）: 595-596.

［38］钱耐思, 谢静宜, 郑钢, 等. 上海市闸北区残疾人基本康复服务需求现况分析［J］. 中国康复理论与实践, 2009, 15（2）: 188-190.

［39］徐琴芳, 郭淑煜, 蔡俐, 等. 随班就读听障儿童的言语康复与语言发展情况调查［J］. 现代特殊教育, 2018,（12）: 8-12.

第二章
听障青少年心理健康的研究综述

从第一章关于听障青少年心理健康的界定中可以发现，心理健康的听障青少年通常具有以下特征：具有自我接纳、自知和自控能力；能够发现和发挥自身的优势或潜能；能够保持积极的情绪状态，识别、调节和合理表达情绪；能够适应学校集体生活，适应学业及职业训练；对未来有期待和规划。可以将这些心理健康的特征概括为：在自我认知、情绪适应、行为适应、人际适应和学业适应方面的健康发展。本章将根据以往有关听障青少年心理健康的研究，综述听障青少年在上述方面的发展特点及影响因素，介绍已有用于听障青少年心理健康的测量工具、评估方法及其存在的局限性。

第一节　听障青少年心理健康的特点

本节主要对已有关于听障青少年自我认知、情绪适应、行为适应、人际适应、学业适应,以及心理症状特点的研究予以综述和分析。

一　自我认知

自我认知是自我系统中的重要成分,是个体对自身生理状态、心理状态、社会角色及人际关系的认知。自我接纳意味着个体能够理解和接纳自身的缺陷,不会因为自己的劣势而过于自卑,能够发现和探索自身可能的优势资源。对于听障青少年这一特殊群体而言,自我接纳是心理健康和积极发展的重要前提和基础。杨小玲和班永飞(2023)的研究发现,听障青少年的自我接纳处于中等偏下的水平,这表明他们对自身的各种条件认可程度较低。刘琴和罗贝琲(2023)的研究发现听障青少年的自我接纳与其家庭的支持存在正相关关系,当父母或其他监护人能够接纳孩子的听障状态,并主动了解聋人文化,学习日常手语,参与配合孩子的康复训练时,听障青少年会更容易接纳自己。

自尊是个体对自我价值的积极情感评价和体验。已有研究发现,听障青少年的自尊水平显著低于普通健听青少年(沈潘艳,陈幼平,冯春等,2015)。当听障青少年感知到外界对自己的不公平对待或歧视时,他们会表现出较低的自尊水平(乔月平,石学云,2016)。杨玲、陆爱桃、连松州等(2013)的研究发现,自尊与听障青少年的人际关系、生活满意度密切相关。当听障青少年人际关系越好或者生活满意度水平越高时,他们的自尊水平也就越高。可见,听障青少年的自尊水平受歧视知觉、人际关系和生活满意度的影响。

污名是社会对某些个体或群体持有的一种消极标签，这种标签通常具有贬低性和侮辱性。自我污名是指个体感知到外界的歧视、排斥和偏见，并主动或被动将消极标签以及刻板印象内化为自我评价的一部分。听障青少年的自我污名会导致他们更低的自尊水平（李美美,杨柳,2018）。范志光、刘莎、张洪杰（2020）发现，听障青少年自我污名和家庭关怀存在负相关关系，如果听障青少年经常受到批评、指责，生活在缺乏关怀和理解的家庭环境中，他们就会认同和内化这些批评，从而产生无能感、羞耻感和低自我价值感。而当听障青少年感知到家人、同伴的支持及获得所在群体的认同时，他们更可能获得积极体验，进而减少自我污名带来的消极影响。

总之，由于听障青少年的听力和言语功能受损，影响了其社会认知水平的发展，导致其自我概念水平较低，进而可能对其健康发展产生不利影响。自我认知是促进听障青少年心理健康发展的重要指标，因此，不仅要关注到那些低自我接纳和低自尊水平的个体可能存在的潜在危机，更要重视培养他们的自我接纳，并提高他们的自我满意度和自尊水平。

二 情绪适应

虽然听障青少年比同学段的健听青少年年长2~3岁，但他们更容易产生焦虑、沮丧、愤怒、疑虑、紧张、孤独等消极情绪。一方面，听障青少年对消极刺激更敏感，他们更倾向于关注环境或事件中的负面信息，更可能产生消极的解释偏向（张萌,2017）。另一方面，与健听青少年相比，听障青少年的情绪识别能力较差、应对方式相对僵化。当他们出现负面情绪时，往往采用回避的方式，不会主动寻求支持和帮助，因此他们的情绪控制和情绪调节策略水平较低（黎晓丹,戴常婷,谭腾飞等,2020）。然而，随着听障青少年年龄增长和受教育程度增加，他们的情绪调节能力可能也会有所提高。其中，男生更倾向以冒险、独立的方式表露自己的情绪，女生更倾向以顺从、温和、内敛的方式表露情绪（蔡砾洋，2019）。学校是听障青少年接触同伴最多的场所，应重视为听障青少年营造良好的交往环境，教师可以教给听障青少年一些人际交往的技能，促进其交往能力的提高。

三 行为适应

行为适应是个体做出的适应外界环境的反馈行为。学生在学校里的行为适应主要指学生能够适应学校环境，完成学业任务，对外界环境做出恰当的反馈行为。若学生行为适应不良，则会出现一系列问题行为。行为适应分为积极行为适应和消极行为适应两方面。积极行为包括亲社会行为、利他主义行为等，如帮助、分享、合作、关心、同情等；消极行为包括攻击、违纪、自伤等。研究发现，影响听障青少年亲社会行为的因素主要有个体自身、家庭、学校、社会等方面（李高明，王国兴，2017）。听障青少年亲社会行为与其认知发展水平有关，与普通健听青少年相比，听障个体认知发展相对缓慢，抽象思维能力较弱，这影响了他们亲社会动机的形成，制约了亲社会行为的发展。从个性因素上看，性格开朗、外向的听障青少年更可能表现出亲社会行为（李丹，夏飞羚，2003）。在家庭和学校环境中，亲子关系质量越高、父母支持水平越高的听障青少年亲社会行为越多（卢月娥，2008）。良好的同伴关系及榜样示范也会促进听障青少年亲社会行为的发展。社会层面上，社会及大众媒体对听障群体的接纳程度也会影响听障青少年的亲社会行为（兰继军，张银环，2016）。增强听障青少年的亲社会及利他行为也有利于他们今后的日常交往。

听障青少年情绪易波动，对消极信息更敏感或存在消极的解释偏向，如果不能及时宣泄或者疏解，更可能出现自伤或攻击等极端行为（邵义萍，王杨，2016）。有的听障个体缺乏正确的是非观和判断能力，缺乏自我保护能力和法律意识，容易被犯罪团伙控制和利用，出现违法和偷盗行为。因此，在心理健康教育中，也要注意到听障青少年道德表现的模仿性和不稳定性，培养其正确的道德认识，形成正确的是非观念。

四 人际适应

　　人际适应是个体在社会互动中表现出来的、与他人建立及保持温暖和爱的关系、彼此给予善意和支持的能力。已有研究发现，听障青少年的人际适应能力低于普通健听青少年（简仲谦，2018）。这可能是因为听障学生在言语沟通上存在障碍，他们在普通学校中可能不能与健听学生进行有效沟通，即使在听障群体内部，也可能会出现手语表达的不一致性，这使得他们的社交关系相对有限。人际关系适应问题也是导致听障青少年自我接纳和自尊水平低、消极情绪体验多的重要原因之一。尤其对于青少年时期的听障个体而言，亲子关系、师生关系、同伴关系是其心理健康发展的重要关系系统。因此，应激发听障学生交往的内部动机，一方面使他们意识到人际交往的重要意义，激发其交往的动机；另一方面要鼓励和引导他们主动交往，认识和体会到人际交往所带来的自我效能感和归属感，从而形成良好的人际互动。另外，也需要关注听障青少年在互联网中的人际交往情况，及时提醒和干预不良的互联网人际交往。

五 学业适应

　　听障青少年大多都可以适应学校环境，在一定程度上可以克服学校生活中的困难（卢小龙，2019）。但由于在信息加工、情感表达、人际沟通等方面的局限性，无论在普通学校随班就读还是在特殊教育学校接受教育，听障青少年在学校中会比健听青少年遇到更多的困难。已有相关研究发现，听障青少年的学校适应水平会受学段高低及学业任务的影响。学业适应是学校适应的一个重要方面，而学习动机也通常被认为是学业适应的关键因素，以往研究发现听力损失程度越轻的听障学生学习动机越强，与老师关系亲密的听障学生的学习动机水平显著高于与老师关系不良的听障学生（崔霞丽，2014）。学习动机越高，学生的学习投入程度越高。因此，关注听障学生的学习动机和学习投入，促进其积极的学校适应也是心理健康发展的重要内容。

六 听障青少年心理健康总体特点

以上从自我认知、情绪、行为、人际及学业等5个方面阐述了听障青少年的发展特点及影响因素，也有诸多研究者考察了听障青少年的总体心理健康水平及心理症状。这些研究有助于从整体上来了解听障青少年的心理健康状态及存在的健康问题。例如，研究发现，听障青少年心理健康总体水平低于普通健听青少年，有三分之一左右的听障青少年存在明显的心理健康问题（刘琪，2022）。听障青少年心理健康问题存在性别差异（梅藻惠，周朝坤，2014）。男生更容易出现抑郁和焦虑等情绪问题，这可能与他们不愿意或不善于表达和求助有关；女生更容易出现身份认同和社交障碍问题，她们担心遭受歧视和差异对待，害怕被别人负面评价，体验到更多的社交焦虑。

总体来看，相比于健听青少年，听障青少年表现出较低的心理健康水平。在听障青少年的心理健康教育工作中，一方面要对其进行及时的心理辅导与干预，预防和杜绝危机事件；另一方面，也要引导听障青少年发现、整合、利用自身及环境中的优势资源，鼓励和支持他们探索问题解决的办法，提升其应对能力和效能感，这也是他们在后续发展中积极参与社会成果共享共建的必要途径。

第二节 常见的听障青少年心理健康测量工具

听障青少年作为社会的弱势群体,在日常生活中面临着诸多的压力和挑战。及时了解听障青少年的心理健康状况对其心理健康发展尤为重要,本节主要介绍已有用于听障青少年样本的心理健康测量工具及非语言的评估方法,为后续研究者选择更有效的测量工具提供参照。

一 自我认知的测量

已有用于听障青少年心理健康自我领域的测量工具主要有身体自尊量表、自尊量表、自我接纳问卷、残疾自我污名量表。

身体自尊量表。由徐霞和姚家新(2001)编制。该量表共30个条目,包括身体自我价值感、运动能力、身体状况、身体吸引力、身体素质5个维度,采用4点计分,从"非常不符合"到"非常符合"计为1~4分,总分越高,表明身体自尊水平越低。

自尊量表。由罗森伯格(Rosenberg, 1965)编制、汪向东、王希林、马弘(1999)修订。该量表共包含10个条目,采用4点计分,从"非常不符合"到"非常符合"计为1~4分,总分越高,自尊水平越高。

自我接纳问卷。由丛中、高文凤、王龙会(1999)编制。该问卷共16个条目,包括自我接纳和自我评价2个维度,采用4点计分,从"非常相反"到"非常相同"计为1~4分,总分越高,表明自我接纳水平越高。

残疾自我污名量表。由齐玲(2014)编制。该量表共23个条目,包括贬低歧视、社交回避、疏远和污名抵制4个维度,采用4点计分,从"非常不同意"

到"非常同意"计为1～4分，总分越高，自我污名水平越高。

二 情绪适应的测量

已有用于测量听障青少年情绪的工具主要包括正负性情绪表达量表、听障儿童情绪社会性评估量表、焦虑自评量表、抑郁自评量表等。

正负性情绪表达量表。由劳伦特、坎坦扎罗、乔伊纳等（Laurent, Cantanzaro, Joiner, et al., 1999）编制，潘婷婷、丁雪辰、桑标等（2015）修订。该量表共30个条目，包括积极情绪、消极情绪2个维度，采用4点计分，从"几乎没有"到"非常多"计为1～4分，某一维度下的分数越高，表明积极/消极情绪越多。

听障儿童情绪社会性评估量表。由梅多斯·肯德尔（Meadow-Kendall, 1980）编制，杜巧新、关雅丽、邢亚静（2018）修订。该量表共59个条目，包括社会适应、自我认知、情绪适应3个维度，采用4点计分，从"完全符合"到"完全不符合"计为1～4分，总分越高，情绪社会性功能越好。

焦虑自评量表。由宗（Zung）编制，汪向东、王希林、马弘（1999）修订。该量表共20个条目，如"我觉得我可能将要发疯。"采用4点计分，从"没有或很少时间"到"绝大部分或全部时间"计为1～4分，将20个条目得分相加可得粗分，粗分乘以1.25取整数，可得标准分，标准分越高，个体的焦虑水平越高。

抑郁自评量表。由宗（Zung）编制，汪向东、王希林、马弘（1999）修订。该量表共20个条目，采用4点计分，从"没有或很少时间"到"绝大部分或全部时间"计为1～4分，将20个条目得分相加可得粗分，粗分乘以1.25取整数，可得标准分，标准分越高，个体的抑郁水平越高。

三 行为适应的测量

已有研究中用于听障青少年行为的评估工具有攻击行为问卷、亲社会倾向量表、利他行为问卷、渥太华自伤量表。

攻击行为问卷。 由巴斯和佩里（Buss & Perry,1992）修订。该问卷共29个条目，分为身体攻击、口头攻击、愤怒、敌对4个维度，采用5点计分，从"完全不符合"到"完全符合"计为1~5分，总分越高，表示攻击性程度越高。

亲社会倾向量表。 由卡罗和兰德尔（Carlo & Randall,2002）编制，由寇彧、洪慧芳、谭晨等（2007）修订。该量表共26个项目，分为情绪、依从、利他、匿名、公开、紧急6个维度，采用5点计分，从"非常不像我"到"非常像我"计为1~5分，总分越高，代表亲社会行为倾向越高。

利他行为问卷。 由拉什顿（Rushton,1981）编制，宋琳婷和陈健芷（2012）修订。该问卷共有18个条目，是单维度量表，主要用于测量利他行为的表现频次。采用5点记分，从"完全不符合"到"完全符合"计为1~5分，总分越高，个体利他行为越多。

渥太华自伤量表。 由克卢捷（Cloutier）和尼克松（Nixon）编制，张芳、程文红、肖泽萍等（2015）翻译修订。该量表共28个条目，该量表包括10项针对非自杀性自伤频率和方式的自我报告量表。采用0~3计分，0代表0次，3代表5次以上，总分越高，表明学生自伤频率越高、方式越多。

四 学业适应的测量

已有用于听障青少年学业适应的测量工具主要有学业自我效能感问卷、成就目标定向量表、学习动机量表。

学业自我效能感问卷。 由梁宇颂（2004）编制。该问卷共22个条目，包括学习能力自我效能感和学习行为自我效能感2个维度，采用5点计分，从"完全不符合"到"完全符合"计为1~5分,某一维度的总分越高,表明该维度的学业自我效能感越高。

成就目标定向量表。由刘惠军和郭德俊(2003)编制。该量表共29个条目,包括成绩趋近目标、掌握趋近目标、成绩回避目标、掌握回避目标4个维度,采用5点计分,从"完全不符合"到"完全符合"计为1~5分,某一维度下的总分越高,表明该维度所代表的成就目标越高。

学习动机量表。由余安邦(1994)编制。该量表共13个条目,属于单维度量表。采用5点记分,从"完全不符合"到"完全符合"计为1~5分,得分越高,表明学习动机越高。

五 人际适应的测量

已有用于测量听障青少年人际关系的工具主要有人际关系能力问卷、同伴关系量表。

人际关系能力问卷。由布尔梅斯特(Buhrmester, 1990)编制,王英春和邹泓(2009)修订。该问卷共35个条目,分为发起交往、提供情感支持、施加影响、自我袒露和冲突解决5个维度,采用5点计分,从"完全不符合"到"完全符合"计为1~5分,某一维度下的总分越高,表明该维度所代表的人际关系能力越高。

同伴关系量表。郭伯良和张雷(2004)编制。该量表共22个条目,主要用于测量听障青少年与同伴交往时的主观体验和感受,采用4点计分,从"不是这样"到"总是这样"计为1~4分,总分越高,同伴关系越差。

六 总体心理健康的测量

已有用于测量听障青少年总体心理健康的评估工具主要有症状自评量表(SCL-90)、心理健康诊断测验、心理健康问卷。

症状自评量表（SCL-90）。由德若伽提斯、利普曼、科维（Derogatis, Lipman & Covi, 1973）编制。该量表共有90个条目，包含躯体化、强迫症状、人际关系敏感、抑郁、焦虑、敌对、恐怖、偏执、精神病性9个症状因子，采用5点计分，从"从无"到"严重"计为1~5分，总分越高，代表症状越严重。这一量表目前广泛用于各级各类学校学生及临床样本的测量。

心理健康诊断测验。由周步成（1991）修订。该测验共100个条目，包含学习焦虑、对人焦虑、孤独倾向、自责倾向、过敏倾向、身体症状、恐怖倾向、冲动倾向8个分量表。采用2点计分，回答"是"计1分，回答"否"计0分，总分越高，心理健康状况越差。

心理健康问卷。由郑泰安编制，杨廷忠、黄丽、吴贞一（2003）修订。该问卷共12个条目，分为躯体症状、焦虑和担忧、抑郁3个维度，有两种计分方式，第一种计分方式采用4点计分，"能集中""和平时一样""不能集中""完全不能集中"分别记为"0""0""1""1"，所有条目总分为12分，总分≥4分，表示个体可能存在心理健康问题。第二种计分方式采用4点计分，"能集中""和平时一样""不能集中""完全不能集中"分别记为"0""1""2""3"，总分越高，表明个体越可能存在心理健康问题。

从以上可以看到，在听障青少年心理健康的研究领域，综合评估工具相对较少。主要原因是听障青少年在心理健康方面存在很多特殊性质，如听力障碍、交流障碍等，青少年的情感认知水平、社会情境和行为特点等也可能会影响评估工具的设计和应用。

七 其他的测量方法

除上述语言类的测量工具和方法外，还可以采用游戏、沙盘疗法等其他非语言的方法来了解听障青少年的心理健康状况。

（一）基于游戏的心理测量

基于游戏的测评是借助游戏或活动，对个体的心理特性和行为进行测评，这一方法可以摆脱语言的束缚，丰富心理测评的手段（徐俊怡，李中权，2021）。听障青少年语言能力较弱，基于游戏的心理测评可以凭借非语言的方式协助教育者评估其认知、人格、情绪等。

游戏测评为个体认知能力的测评提供了新思路。推箱子游戏是一款经典游戏，包括一个小人、一个通道和至少一个箱子组成。被试需要操控小人上下左右任意移动，直到把两个箱子推入指定位置。孙鑫、黎坚、符植煜（2018）通过研究证实，根据推箱子游戏下个体的第一步用时占每关用时的时长、思考步数占所有步数的比例、与最优路径相差步数等方面，可以预测个体的推理能力及数学成绩。除了对认知能力正常的个体进行测评，游戏测评也可用于对认知障碍者的测评。弗林、科隆·阿科斯塔、周等（Flynn, Colón-Acosta, Zhou, et al., 2019）采用游戏的方式对存在认知障碍的青少年进行测评。游戏还可用于评估个体的情绪、人格等方面。常见的用于听障青少年的游戏有节律游戏、听觉唤醒、听觉辨别。节律游戏的常规做法是带领听障青少年进行节奏性的身体律动，如拍手、跺脚等，例如，本研究团队在团辅活动设计中所采用的"切土豆"的节律游戏。听觉唤醒是在听障青少年不注意的时候，通过拍手、敲打物品等行为刺激其听力，判断其当前听力状况的方式。听觉辨别主要用于可以觉察声音的听障青少年，通过呈现火车声、汽车声、动物声等让其辨别，判断或锻炼其听力和反应速度。

听障青少年由于听力障碍，语言阅读、理解等方面存在诸多问题，在进行问卷测评时可能会影响测评结果的准确性，而游戏测评则可能避免此类问题，由此可见，游戏测评的方式在对听障青少年心理健康测评方面有着巨大潜力。

（二）基于沙盘疗法的心理测量

沙盘疗法是在治疗师的陪伴下，来访者将各类沙具摆放在沙盘中，治疗师根据来访者摆放的沙具进行分析。沙盘疗法作为一种非语言的技术，除了可用于心理治疗，也可用于心理症状的诊断和评估。首先，借助沙盘疗法可以区分心理健康和非心理健康个体。米歇尔和哈里特（Mitchell & Harriet, 1994）认为，沙盘游戏的主题是对沙盘游戏模型所表现的象征意义的总结，可根据主题了解个体当下的心理状态及过往的心路历程，进而评估个体心理健康状况。另外，沙盘疗法可用于心理疾病的诊断，患狂躁症的个体进行沙盘疗法时，往往会选用非常多的小模具，使自己的整个沙盘看起来非常拥挤；患抑郁症的个体使用的模具很少，很难制作出具有创造性的沙盘，更倾向于模仿，有时候也会呈现黑暗、僵硬、寂寞的意象；患强迫症的个体摆弄沙具非常困难，他们会追求整齐划一的作品，强调完美主义特性。除此之外，有焦虑、孤独症、拒学、边缘型人格等情况的个体在沙盘疗法中的作品也各有特色。沙盘疗法作为非语言心理评估和治疗的工具，也可用于对听障青少年心理健康的测评，为听障青少年心理健康的评估提供依据。在运用沙盘疗法评估听障青少年心理健康状况时要尽可能地采取允许、鼓励和理解的态度。沙盘疗法的时间没有严格的限制，但一般正常青少年需要20～23分钟，越是有心理障碍的听障青少年，制作速度越快，只需要十六七分钟。

（三）基于表达性艺术疗法的测量

表达性艺术疗法同样是一类非语言性的评估与治疗方法，主要是以提供艺术素材、活动经验等进行治疗的方式。一般可根据个体表现的主题、形式以及艺术表达过程来评估其情绪、行为表现和内在认知过程。艺术治疗可以适用于听障青少年，借助艺术治疗，可以帮助个体通过艺术创作缓和情感上的冲突。

八 听障青少年心理健康测评的启示与挑战

（一）听障青少年心理健康测评的启示

现有的心理健康测量工具对评估听障青少年的心理发展、心理健康水平等方面有很大的帮助，根据这些工具可以帮助我们了解听障青少年发展状况和需要，制订相应的策略，并有针对性地辅导和干预。总的来讲，现有听障青少年心理健康测量工具主要带给我们以下几个方面的启示。

第一，听障青少年心理健康测量工具可以帮助我们了解听障青少年的心理发展水平，例如自我概念、社交技能、情绪调节等方面的发展程度。有助于教育者和家长更好地了解听障学生的特点和需要，制订相应的教育和辅导计划。

第二，有助于评估听障青少年的心理健康水平。评估心理健康水平对听障人群而言尤为重要，因为他们可能会面临孤独、隔离、沮丧等问题。通过测量，可以了解听障人群焦虑、抑郁、自尊等方面的状况，并为制订适合听障人群的心理健康教育计划提供支持，有助于提高其身心健康水平。

第三，可用作心理健康教育、辅导和干预的依据。测量工具可以为教师和家长提供有关听障学生的信息，帮助他们制订个性化的教育、辅导和干预计划。例如，针对某一位听障学生的特定心理障碍，可以提供相应的心理治疗方案，或者在课堂上提供更好的学习环境等。

（二）听障青少年心理健康测评的挑战

尽管以往的测量工具为评估听障青少年心理健康提供了诸多帮助，但同样存在很多挑战。

第一，听障青少年存在语言障碍。他们可能无法完全理解测量工具中的问题，进而影响评估结果的准确性。此外，不同的听障青少年由于受到不同程度的听力障碍影响，其口语表达能力也各不相同，这也会影响评估结果的准确性。

第二，听障青少年心理健康测量工具在各种文化、亚文化背景下可能存在不适用的问题。同一个词汇在不同的文化、亚文化背景下可能存在不同的意义，导致受评者对问题的理解存在差异，甚至不能理解问卷问题或无法准确回答问题。一些听障青少年还可能由于语言表达的不利因素而无法充分表达自己的感受和经历，此时可以考虑采用非语言表达方式。

第三，某些测量工具还可能过于简单化心理健康问题，无法准确评估听障青少年的心理健康状况。

（三）针对听障青少年心理健康测评的建议

1. 可视化测量工具的探索与尝试

针对听障青少年的语言障碍，可以采用具体、形象的图片、漫画、动画等视觉图像化的测量工具，以提供更直观、明了的评估内容。对于理解能力较差的听障青少年，这类图像化的测量工具可以更好地帮助他们理解评估内容，从而降低理解难度和出错率，更准确地反映他们的真实心理状态。

2. 编制更为简洁高效的测量工具

可以采用简化的语言表述，使用简单易懂的词语和句子结构，避免使用复杂的方向指示或难度过高的语言，以降低理解难度。评估者也可以采取一些交流技巧，如使用手势等非语言符号，或采用关键词提示，以便他们更好地表达自己的想法。

3. 考虑个体差异性

编制测量工具要考虑听障个体的年龄、受教育程度、民族、风俗、亚文化等特点，编制易于听障个体理解的语句和选项。

4. 利用现代科学技术开展评估工作

智能语音转写技术、听障智能通话助理、畅听无碍、谷歌AR眼镜概念机等都为开展测评工作、助力听障残疾人接收外部信息提供了强有力的帮助。其中，智能语音转写是指利用语音识别技术将人类语音转化为文本信息，并在智能设备上显示，使听障残疾人能够通过观看文字来了解外部信息。畅听无碍是一项为听力障碍者设计的科技产品，可以智能识别不同的声音，从而使得听障残疾人能够更好地接收外部信息。

第三节 听障青少年心理健康的影响因素

近年来,特殊群体的心理健康越来越受到关注,如何提高听障青少年的心理健康也日益受到社会重视。了解已有研究中关于听障青少年心理健康发展的影响因素有助于制订更具针对性的健康服务方案。本节主要从个体、家庭、学校、社会等方面阐述听障青少年心理健康的影响因素。

一 个体因素

(一)听力损失程度

听力受损程度影响个体的信息加工和认知能力,也在某种程度上制约了个体的社会认知水平,进而影响其情绪识别和理解以及自控等方面。一般而言,听力损伤程度较轻的青少年情绪管理能力要好于那些损伤较严重的青少年。中重度听力损伤的青少年在出现情绪困扰时,更可能采取较为极端的行为(张海丛,吴彤,刘美玉等,2013)。但总体来看,大多数听障青少年能够采取相对理智的方式缓解不良情绪,但身体的残障使他们更可能产生自我污名化和病耻感,担心被歧视和嘲笑(郝均倩,2011)。

(二)歧视知觉

歧视知觉是个体感知到自己因属于某个群体而遭受特别对待。听障青少年通常会存在身份认同问题,能够敏锐地感知到来自同伴、家庭和其他社会群体的歧视和不公平对待。歧视知觉越高,越不利于其社会适应,进而会导致更多的心理适应问题(薛栋,2016)。但也有研究发现,听障青少年感知到更多的歧视后，会进一步提升社会适应水平，乔月平和石学云（2016）认为，这是听障青少年将自身所受的不公平对待归结于外部的歧视所致，因为这样就不会危及其自身的自尊水平，并可以保护其自我价值。并且，由于自身听力障碍已无法改变，歧视知觉可能会给予他们努力拼搏、改变现状的动力。

（三）应对方式

听障青少年的应对方式对其整体心理健康、焦虑水平都有影响。首先，勾柏频（2011）发现，消极的应对方式会对听障青少年的心理健康产生直接或间接的消极影响。依赖于外部支持的个体在无法获得及时的帮助时，反而会出现更明显的心理健康问题。听障青少年越多采用逃避的应对方式，越不敢正视和独立解决问题，越可能产生更高的焦虑水平，由此进入循环焦虑状态（张海丛，2008）。但不是所有听障青少年都习惯于以消极方式来解决问题，蒋柳和冯维（2009）发现，听障青少年在遇到问题时也会先尝试积极地应对问题。

二 家庭因素

（一）父母教养方式

父母教养方式是指父母在日常生活及活动中对子女表现出的一种行为模式和倾向。研究发现，父母的温情、理解有助于提高听障青少年的自尊水平，并形成良好的同伴关系；父母的过度保护、惩罚严厉等消极教养方式会导致其表现出较低的自尊水平（李燕燕，桑标，2003；万莉莉，张福娟，2008；万勤，努尔署瓦克，邵国郡等，2013）；也有少数父母把听障青少年看成累赘，不愿承担养育责任，甚至习惯于体罚或斥责孩子，导致听障青少年产生强烈的无助感和不安全感（刘盈江，2007）。父母的教养行为会直接或间接影响听障青少年的心理健康发展，这种影响甚至会伴随他们整个生命过程。

（二）家庭社会经济地位

家庭社会经济地位主要包括家庭经济状况、父母的受教育水平和父母职业三个方面。与家庭经济状况较好的听障青少年相比，家庭经济状况差的听障青少年心理健康状况更差，在人际关系上更敏感（李强，李海涛，2004）。尽管有社会救助及医疗保障，家庭也要支付一部分治疗和康复训练等后续费用，父母要付出相对更多的时间和精力来照顾听障子女，这必然也会影响到他们的工作状态及经济收入。听障青少年的父母生活质量和幸福感水平通常较低，他们在经济、子女教养以及工作上压力较大，社会支持较少，消极情绪较多，这会影响他们对待孩子的方式及亲子关系，进而对听障青少年的心理健康产生不利影响（Smythe, Zuurmond, Tann, et al., 2021）。另外，父亲和母亲的受教育水平会分别影响听障青少年心理健康的不同方面。父亲受教育程度低的听障青少年更可能出现自责倾向，母亲受教育程度低的听障青少年出现冲动倾向的可能性更高（方彬，2015）。受教育水平越高的父母通常越能够理解听障青少年心理发展的特点，与孩子沟通的技巧和方式会越丰富。父母工作时间长、经济收入低，以及由此产生的教养压力和心理压力增多等，都是影响听障青少年心理健康发展的家庭风险因素。

三　学校因素

（一）教师因素

教师是听障学生成长过程中的重要支持者，教师的态度、期望、接纳程度、心理健康水平、与听障学生的沟通能力，以及师生关系等均是影响听障青少年心理健康的潜在因素。研究发现，感知到教师支持的听障青少年自我满意度和主观幸福感水平更高，来自教师的正向反馈和认可会使听障青少年具有更多的自我效能感，相信自己有能力克服困难并取得成功（祁丽萍，周婷，赵月等，

2021）。反之，教师对班内听障学生的忽视和排斥，或者教师自身的认知偏差等也会被听障青少年敏锐地觉察为拒绝和歧视，从而产生自卑甚至是拒学。

（二）同伴关系

同伴关系是同龄人之间或心理发展水平相当的个体间的人际关系，同伴是个体的重要参照和支持系统，同伴之间的相互支持、积极反馈和互动是听障青少年健康发展的保护因素，尤其是他们处于不利处境时，同伴接纳可以缓解不良的家庭教养环境等对心理健康的影响（刘琪, 2022）。但需要注意的是，听障青少年的同伴关系满意度整体处于中等偏下的水平（潘月英, 2015），在普通学校随班就读的听障青少年与健听青少年在同伴关系的水平上不存在显著差异，但是整体上听障青少年的受欢迎程度比较低，尤其是男生，更容易被同伴拒绝（谢钰涵, 2018）。学校可以开设多样化的活动，增加听障青少年之间相互接触的机会，培养他们的团结意识和集体荣誉感。除此之外，也可以开设一些社交训练的课程，帮助听障青少年学习交往技能及处理同伴冲突的方法。

四 社会因素

随着全纳教育、尊重差异、促进融合等理念的传播，以及全民健康发展战略的实施，残疾人群康复、受教育、就业及其他权益保障措施不断完善。社会的包容、接纳、尊重也为残疾人适应和融入社会提供了重要的心理支持。但限于其身体条件，绝大多数中重度的听障青少年在受教育、就业等方面仍有很大的局限性，在社会生活中也仍有可能会遭受歧视、排斥或误解。因此，在建立听障青少年心理健康社会服务体系的过程中，要考虑如何提高对听障青少年的社会接纳和社会支持，避免歧视和偏见。

（一）社会接纳和支持

社会的接纳对于听障青少年康复、教育、就业及社会融入都非常重要。社会接纳与个体及文化因素有关。例如，残疾人因为自身的残疾状况而回避人际交往和社会参与，这会直接影响社会对他们的接纳程度（熊欢,申仁洪,焦静等,2019）；已有的交友观念，如"人以群分，物以类聚"，让人们觉得和残疾人交往会影响自己的面子、身份等。

社会支持从类型上可分为经济支持、物质支持、精神支持，以及信息技能支持等；从来源上可分为家庭支持、朋友支持和教师支持。从资源理论来看，社会支持也是听障青少年发展的重要资源，一般而言，资源越多，听障青少年越可能健康发展。社会康复服务所提供的经济、医疗、助听设备等方面的支持都有助于缓解听障群体及其家庭的心理压力。社会支持对听障青少年心理健康的影响主要体现在整体心理健康和主观幸福感两个方面。首先，在整体心理健康上，社会支持可以正向预测听障青少年的心理健康水平，也就是说，听障青少年获得的客观支持越多，心理健康水平越高（黄锦玲,娄星明,张文,2011）。其次，曹娟、贾林祥、庄玉（2011）发现，社会支持可以正向预测听障青少年的主观幸福感，即听障青少年的社会支持越丰富，其主观幸福感水平越高。可见社会接纳和支持有助于听障青少年自我接纳，是个体积极发展的重要外部资源。

（二）社会歧视

歧视是指个体就他人的某项缺陷、缺点等以不平等的眼光对待，使之得到不同程度的损失。残疾人群经常遭到社会歧视，尽管国家积极倡导"关爱残疾人，消除歧视"，但仍有不少人对残疾人群持歧视态度。听障青少年虽然听觉和言语受限，认知能力比同龄的健听青少年迟缓，但他们对他人表情和态度的变化很敏感，更能感知到这种歧视（雷江华,方俊明,2007）。他们感知到的歧视包括来自同伴的歧视、家人的歧视，以及社会生活中其他人的歧视（阳泽，张香玉，2018）。在社会生活中经历过歧视和排斥的听障个体甚至可能产生敌意和极端行为（沈潘艳，兰继军，2018）。因此，在学校、家庭、社区中也要通过普法和科普教育，重视反歧视宣传，同时也鼓励听障青少年自立自强，主动参与共享共建。

参考文献

［1］ 杨小玲，班永飞. 听障学生自我接纳与情绪表达的关系研究［J］. 现代特殊教育，2023，（2）：12-16.

［2］ 刘琴，罗贝琪. 听障大学生自我接纳与人际信任的关系：家庭支持的中介作用［J］. 现代特殊教育，2023，（6）：41-47.

［3］ 沈潘艳，陈幼平，冯春，等. 听障学生与正常学生外显和内隐自尊的比较［J］. 中国健康心理学杂志，2015，23（1）：89-92.

［4］ 乔月平，石学云. 聋生个体歧视知觉与自尊的关系：社会支持的中介作用［J］. 中国特殊教育，2016，（3）：30-35.

［5］ 杨玲，陆爱桃，连松州，等. 听障青少年依恋和生活满意度关系：自尊的中介作用［J］. 中国特殊教育，2013，（9）：27-32.

［6］ 李美美，杨柳. 听障中学生自我污名对自尊的影响：群体认同的调节作用［J］. 中国特殊教育，2018，（10）：38-43.

［7］ 范志光，刘莎，张洪杰. 听力障碍大学生自我污名与家庭关怀的关系［J］. 中国心理卫生杂志，2020，34（9）：778-783.

［8］张萌. 听障儿童与普通儿童情绪Stroop效应的比较研究［J］. 现代特殊教育, 2017,（4）: 45-49.

［9］黎晓丹, 戴常婷, 谭腾飞, 等. 具身情绪视角下听障儿童情绪社会化与听力语言康复［J］. 中国特殊教育, 2020,（10）: 14-21.

［10］蔡砾洋. 融合教育中听障儿童情绪调节策略现状的调查研究［J］. 中国听力语言康复科学杂志, 2019, 17（1）: 48-52.

［11］李高明, 王国兴. 听障学生亲社会行为的影响因素及培养策略［J］. 中国听力语言康复科学杂志, 2017, 15（2）: 138-141.

［12］李丹, 夏飞羚. 儿童心目中的友好行为及其年龄发展趋势［J］. 心理发展与教育, 2003, 19（1）: 1-4.

［13］卢月娥. 听觉障碍中学生社会适应发展特点的研究［D］. 大连: 辽宁师范大学, 2008.

［14］兰继军, 张银环. 我国聋生心理健康现状及其影响因素分析［J］. 现代特殊教育, 2016,（24）: 30-35.

［15］邵义萍, 王杨. 聋哑学生自伤行为个案研究［J］. 亚太教育, 2016,（15）: 218-219+217.

［16］简仲谦. 听障中学生人际交往能力发展现状研究——以厦门市特殊教育学校为例［J］. 绥化学院学报, 2018, 38（7）: 37-40.

［17］卢小龙. 听障中学生学校适应及其相关因素研究［D］. 上海: 华东师范大学, 2019.

［18］崔霞丽. 聋生感受的师爱与学习效能感的关系: 学习动机的中介效应［D］. 重庆: 西南大学, 2014.

［19］刘琪. 父母自主支持与听障青少年心理健康的关系：有调节的中介作用［D］. 济南: 山东师范大学, 2022.

［20］梅藻惠, 周朝坤. 西藏地区聋生心理健康状况的现状及特点［J］. 绥化学院学报, 2014, 34（1）: 89-94.

［21］徐霞, 姚家新. 大学生身体自尊量表的修订与检验［J］. 体育科学, 2001, （2）: 78-81.

［22］Rosenberg, M. Society and the adolescent self-image［J］. Social Forces, 1965, 3（2）: 1780-1790.

［23］汪向东, 王希林, 马弘. 心理卫生评定量表手册（增订版）［M］. 北京：中国心理卫生杂志社. 1999: 318-320.

［24］丛中, 高文凤, 王龙会. 自我接纳与大学生社交回避及苦恼的相关性初探［J］. 中国行为医学科学, 1999, 8（2）: 119-120.

［25］齐玲. 听力障碍中学生残疾自我污名量表修订及流行病学调查研究［D］. 武汉: 华中科技大学, 2014.

［26］Laurent, J., Cantanzaro, S. J., Joiner Jr, T. E., Rudolph, K. D., Potter, K. I., Lambert, S., ... & Gathright, T. A measure of positive and negative affect for children: scale development and preliminary validation［J］. Psychological Assessment, 1999, 11（3）: 326-338.

［27］潘婷婷, 丁雪辰, 桑标, 等. 正负性情感量表儿童版（PANAS-C）的信效度初探［J］. 中国临床心理学杂志, 2015, 23（3）: 397-400.

［28］Meadow, K. P. Meadow-Kendall Social-emotional Assessment Inventory for deaf and hearing-impaired students: Manual［M］. Washington, D. C.: Galladuet College, 1980: 1-29.

［29］杜巧新, 关雅丽, 邢亚静. Meadow-Kendall听障儿童情绪社会性评估量表学龄版信效度研究［J］. 中国听力语言康复科学杂志, 2018, 16（3）: 185-188.

［30］Buss, A. H., & Perry, M. The Aggression Questionnaire［J］. Journal of Personality and Social Psychology, 1992, 63（3）: 452-459.

［31］Carlo, G., & Randall, B. A. The development of a measure of prosocial behaviors for late adolescents［J］. Journal of Youth and Adolescence, 2002, 31（1）: 31-44.

［32］寇彧, 洪慧芳, 谭晨, 等. 青少年亲社会倾向量表的修订［J］. 心理发展与教育, 2007, 23（1）: 112-117.

［33］Rushton, J. P., Chrisjohn, R. D., & Fekken, G. C. The altruistic personality and the self-report altruism scale［J］. Personality and Individual Differences, 1981, 2（4）: 293-302.

［34］宋琳婷, 陈健芷. 大学生内隐利他在不同实验材料中的研究［J］. 中国健康心理学杂志, 2012, 20（6）: 959-961.

［35］Cloutier, P. F., & Nixon, M. K. The Ottawa self-injury inventory: A preliminary evaluation［C］. Abstracts to the 12th International Congress European Society for Child and Adolescent Psychiatry. European Child & Adolescent Psychiatry. 2003, 12（suppl 1）: 1-94.

［36］张芳, 程文红, 肖泽萍, 等. 渥太华自我伤害调查表中文版信效度研究［J］. 上海交通大学学报（医学版）, 2015, 35（3）: 460-464.

［37］梁宇颂. 大学生学业自我效能感与心理健康的相关性研究［J］. 中国临床康复, 2004, 8（24）: 4962-4963.

［38］刘惠军, 郭德俊. 考前焦虑、成就目标和考试成绩关系的研究［J］. 心理发展与教育, 2003, 19（2）: 64-68.

［39］余安邦. 社会取向成就动机与个我取向成就动机不同吗？从动机与行为的关系加以探讨［J］."中央研究院"民族学研究所集刊, 1994: 32-33.

［40］Buhrmester, D. Intimacy of friendship, interpersonal competence, and adjustment during preadolescence and adolescence［J］. Child Development, 1990, 61（4）: 1101-1111.

［41］王英春, 邹泓. 初中生人际关系能力的发展及其与人格的关系［J］. 中国健康心理学杂志, 2009, 17（1）: 59-61.

［42］郭伯良, 张雷. 儿童退缩和同伴关系的相关［J］. 中国临床心理学杂志, 2004,（2）: 137-139+141.

［43］Derogatis, L. R., Lipman, R. S., & Covi, L. SCL-90: An outpatient psychiatric rating scale-preliminary report［J］. Psychopharmacology Bulletin, 1973, 9（1）: 13-28.

［44］周步成. 心理健康诊断测验（MHT）［M］. 上海：华东师范大学出版社, 1991.

［45］Cheng, T. A, Wu, J. T., & Chong. M, Y. Internal consistency and factor structure of the Chinese Health Questionnaire［J］. Acta Psychiatrica Scandinavica, 1990, 82（4）: 304-308.

［46］杨廷忠, 黄丽, 吴贞一. 中文健康问卷在中国大陆人群心理障碍筛选的适宜性研究［J］. 中华流行病学杂志, 2003, 24（9）: 769-773.

［47］徐俊怡, 李中权. 基于游戏的心理测评［J］. 心理科学进展, 2021, 29（3）: 394-403.

［48］孙鑫, 黎坚, 符植煜. 利用游戏log-file预测学生推理能力和数学成绩——机器学习的应用［J］. 心理学报, 2018, 50（7）: 761-770.

［49］Flynn, R. M., Colón-Acosta, N., Zhou, J., & Bower, J. A game-based repeated assessment for cognitive monitoring: Initial usability and adherence study in a summer camp setting［J］. Journal of Autism and Developmental Disorders, 2019, 49（5）: 2003-2014.

［50］Mitchell, R. R., & Friedman, H. S. Sandplay: Past, present and future［M］. New York: Psychology Press, 1994.

［51］张海丛, 吴彤, 刘美玉, 杨龙, 董金亮, 郄继燕. 北京听力障碍儿童情绪管理能力现状［J］. 中国学校卫生, 2013, 34（3）: 351-352+354.

［52］郝均倩. 聋人大学生情绪管理能力对其学校适应性的影响研究［D］. 重庆: 西南大学, 2011.

［53］薛栋. 听觉障碍儿童歧视知觉与社会适应研究：社会支持与应对方式的作用［D］. 西安: 陕西师范大学, 2016.

［54］乔月平, 石学云. 聋生歧视知觉与社会适应：自尊的中介效应［J］. 绥化学院学报, 2016, 36（7）: 36-39.

［55］勾柏频. 聋中学生生活事件、社会支持、应付方式与心理健康的关系［D］. 西安: 陕西师范大学, 2011.

［56］张海丛. 听觉障碍大学生焦虑状况及其应对方式的研究［J］. 中国特殊教育, 2008,（7）: 20-23+29.

［57］蒋柳, 冯维. 聋校与普校中学生焦虑及其应对方式比较研究［J］. 重庆电子工程职业学院学报, 2009, 18（4）: 126-128.

[58] 李燕燕, 桑标. 影响儿童心理理论发展的家庭因素[J]. 心理科学, 2003, (6): 1108-1109.

[59] 万莉莉, 张福娟. 父母教养方式对听障初中生自尊水平的影响研究[J]. 中国特殊教育, 2008, (2): 18-23.

[60] 万勤, 努尔署瓦克, 邵国郡, 等. 学龄唐氏综合征患儿与正常儿童口腔共鸣声学特征比较[J]. 听力学及言语疾病杂志, 2013, 21(5): 469-473.

[61] 刘盈江. 听障青少年性心理问题及其教育疏导[J]. 中国性科学, 2007, (2): 41-43.

[62] 李强, 李海涛. 听障大学生人际关系调查及分析[J]. 中国特殊教育, 2004, (10): 46-50.

[63] Smythe, T., Zuurmond, M., Tann, C. J., Gladstone, M., & Kuper, H. Early intervention for children with developmental disabilities in low and middle-income countries--the case for action[J]. International Health, 2021, 13(3): 222-231.

[64] 方彬. 听力障碍儿童听力康复需求家长问卷调查与分析[J]. 中医药管理杂志, 2015, 23(13): 19-20.

[65] 祁丽萍, 周婷, 赵月, 等. 教师支持对听障青少年生活满意度的影响[J]. 中国听力语言康复科学杂志, 2021, 19(2): 123-127.

[66] 潘月英. 听障中学生同伴关系满意度的现状调查研究[J]. 基础教育研究, 2015, (13): 73-75.

[67] 谢钰涵. 融合教育环境中听障学生同伴关系现状调查[J]. 中国特殊教育, 2018, (9): 18-23.

［68］熊欢, 申仁洪, 焦静, 等. 融合背景下残疾人社会接纳研究回顾与展望: 2007-2017［J］. 贵州工程应用技术学院学报, 2019, 37（5）: 135-143.

［69］黄锦玲, 娄星明, 张文. 聋生心理健康状况及相关因素分析［J］. 中国健康心理学杂志, 2011, 19（1）, 83-86.

［70］曹娟, 贾林祥, 庄玉. 听障学生主观幸福感与社会支持现状调查［J］. 徐州师范大学学报（教育科学版）, 2011, 2（1）: 75-79.

［71］雷江华, 方俊明. 口语教学对听觉障碍学生唇读语音识别技能发展的作用研究［J］. 教育研究与实验, 2007,（3）: 70-72.

［72］阳泽, 张香玉. 听障大学生歧视知觉与自尊的关系: 自我补偿的调节作用［J］. 中国特殊教育, 2018,（8）: 28-35.

［73］沈潘艳, 兰继军. 污名/反污名信息对被污名群体注意偏向的影响［J］. 中国临床心理学杂志, 2018, 26（4）: 675-679.

第三章
听障青少年心理健康及其个体影响因素

听力受损及言语表达上的局限影响着听障青少年的认知和社会性等方面的发展。已有研究发现，听障青少年心理与行为问题较为突出，心理健康问题的检出率也明显高于健听青少年（刘在花, 许家成, 吴铃, 2006; 郝均倩, 2011）。因此，关注听障青少年的心理健康状况及影响因素，有助于探索促进其心理健康发展的有效途径。本章主要从山东省内的特殊教育学校取样，考察了听障青少年在自我认知、情绪、行为、学业方面的状况，心理健康问题的检出率和个体差异，以及影响心理健康的个体因素。

第一节 听障青少年心理健康现状调研

一 研究问题和目的

本节的研究问题主要包括两个方面，一是从自我认知（包括自我接纳、自尊、自我污名）、情绪适应（包括积极情绪、消极情绪、生活满意度）、行为适应（亲社会行为、攻击行为）、学业（学习动机）、心理健康问题（焦虑、抑郁、躯体化）这5个方面描述听障青少年的心理健康状况，并分析这些方面在听障青少年性别、学段，以及家庭社会经济地位等人口学因素上的差异，以便了解听障青少年心理健康的现状及可能的趋势；二是考察听障青少年的个体因素（如自我认知、社会行为）与心理健康的关系。本节将对听障青少年的心理健康状况及其个体影响因素进行解释说明，为后续的学校干预和心理健康服务体系的构建提供研究参考。

二 研究方法

（一）研究对象

本研究采用整群抽样法，从7个地市的8所特殊教育学校选取听障学生共1160人进行问卷调查。剔除未完成项目达半数的问卷、规律性作答问卷等无效问卷318份后，最终完成问卷的有效被试人数共842人，有效率为72.6%。其中男生433人（51.4%），女生379人（45.0%），未报告性别人数30人（3.6%）；初中学段235人（27.9%），高中/中职学段300人（35.6%），高职学段302人（35.9%），未报告学段5人（0.6%）；父亲受教育水平为"初中及以下"的有

594人（70.6%），"高中及以上"的为225人（26.7%），未报告父亲受教育水平23人（2.7%）；母亲受教育水平为"初中及以下"的有654人（77.7%），"高中及以上"的有160人（19.0%），未报告母亲受教育水平28人（3.3%）；父亲职业为"农民"的有326人（38.7%），"临时工/下岗"的有15人（1.8%），"工人等其他"的有454人（53.9%），未报告47人（5.6%）；母亲职业为"农民"的有473人（56.2%），"临时工/下岗"的有38人（4.5%），"工人等其他"的有293人（34.8%），未报告38人（4.5%）；家庭经济水平较低（报告分值为1~3分）的有179人（21.2%），家庭经济水平中等（报告分值为4~7分）的有547人（65.0%），家庭经济水平较高（报告分值为8~10分）的有52人（6.2%），未报告家庭经济收入的有64人（7.6%）。研究对象分布情况见表3-1。

表3-1 研究对象分布（N=842）

研究对象		人数	占比	总计
性别	男	433	51.4%	842
	女	379	45.0%	
	未报告	30	3.6%	
学段	初中	235	27.9%	842
	高中/中职	300	35.6%	
	高职	302	35.9%	
	未报告	5	0.6%	
父亲受教育水平	初中及以下	594	70.6%	842
	高中及以上	225	26.7%	
	未报告	23	2.7%	

续表

研究对象		人数	占比	总计
母亲受教育水平	初中及以下	654	77.7%	842
	高中及以上	160	19.0%	
	未报告	28	3.3%	
父亲职业	农民	326	38.7%	842
	临时工/下岗	15	1.8%	
	工人等其他	454	53.9%	
	未报告	47	5.6%	
母亲职业	农民	473	56.2%	842
	临时工/下岗	38	4.5%	
	工人等其他	293	34.8%	
	未报告	38	4.5%	
家庭经济水平	较低	179	21.2%	842
	中等	547	65%	
	较高	52	6.2%	
	未报告	64	7.6%	

（二）测量工具

1. 自尊量表

采用罗森伯格（Rosenberg, 1965）编制、汪向东、王希林、马弘（1999）修订的自尊量表（Rosenberg Self-Esteem Scale, RSES）。该量表共包含10个条目，其中3、5、9、10题反向计分。量表采用4点计分，从"很不符合"到"非常符合"，分别计1～4分，总分越高表示听障青少年自尊水平越高。该量表在本研究中的克隆巴赫系数（Cronbach's α）为0.81。

2. 自我接纳问卷

采用丛中和高文凤（1999）编制的自我接纳问卷（Self-Acceptance Questionnaire, SAQ）。该问卷共包含16个条目，分为自我评价和自我接纳两个维度，其中自我接纳维度中的项目采用反向计分。问卷采用4点计分，从"非常相反"到"非常相同"分别计1~4分，两维度得分相加为自我接纳总分，得分越高表示听障青少年自我接纳水平越高。该问卷在本研究中的克隆巴赫系数为0.82。

3. 残疾自我污名量表

采用齐玲（2014）编制的残疾自我污名量表（Self-Stigma of Disability Scale, SSDS）。该量表共包含23个条目，分为贬低－歧视、疏远、社交回避以及污名抵制4个维度，从"非常不同意"到"非常同意"分别计1~4分，其中污名抵制维度中的项目采用反向计分。各项目得分之和为自我污名总分，分数越高代表听障青少年的自我污名化水平越高。该量表在本研究中的克隆巴赫系数为0.88。

4. 生活满意度量表

采用迪纳（Diener, 1985）编制的生活满意度量表（Satisfaction With Life Scale, SWLS）。该量表共包括5个条目，采用7点计分方式，要求被试评价对5个句子的赞同程度，从"极其不同意"到"极其同意"分别计为1~7分，各项目得分之和为生活满意度总分，分数越高表示听障青少年生活满意度水平越高。该量表在本研究中的克隆巴赫系数为0.68。

5. 积极情感和消极情感量表

采用沃森（Watson, 1988）编制的积极情感消极情感量表（Positive and Negative Affect Scale, PANAS）。该量表由积极情感量表和消极情感量表两个分量表组成，共包含20个条目，其中前10个为消极情感词，后10个为积极情感词，要求被试评价在某一时间段内体验到的每种情绪的强度，采用5点计分，从"完全没有"到"非常多"分别计为1～5分，各分量表总分越高，表示相应情绪情感体验越强烈。该量表在本研究中的克隆巴赫系数为0.92。

6. 攻击行为问卷

采用巴斯·德基（Buss-Durkee）编制，巴斯和佩里（Buss & Perry, 1992）修订的攻击行为问卷（Buss-Perry Aggression Questionnaire, BPAQ）。该问卷共包含29个条目，分为身体攻击、口头攻击、愤怒和敌对4个维度。采用5点计分方式，从"完全不符合"到"完全符合"分别计为1～5分。4个维度之和为总分，得分越高代表听障青少年攻击性越强。该问卷在本研究中的克隆巴赫系数为0.84。

7. 亲社会倾向量表

采用由卡罗和兰德尔（Carlo & Randall, 2002）编制，寇彧、洪慧芳、谭晨等（2007）修订的中文版亲社会倾向量表（Prosocial Tendencies Measure, PTM）。该量表共包含26个条目，包括情绪性、依从、利他、匿名、公开、紧急6个维度。采用5点计分方式，从"非常不像我"到"非常像我"分别计为1～5分。各项目得分相加为亲社会倾向总分，得分越高代表听障青少年亲社会倾向越高。该量表在本研究中的克隆巴赫系数为0.89。

8. 学习动机量表

采用中国台湾学者余安邦（1994）编制的学习动机量表（Study Motivation Scale, SMS）。该量表共有13个条目，包括"个人取向成就动机量表"和"社会取向成就动机量表"两个分量表。采用5点计分方式，从"完全不符合"到"完全符合"分别计1～5分，其中第2和第13项采用反向计分，两个维度的总分相加为整个量表的总分，得分越高则表明听障青少年的学习动机越高。该量表在本研究中的克隆巴赫系数为0.82。

9. 心理健康问卷

采用中国台湾学者郑泰安编制，杨廷忠、黄丽、吴贞一（2003）修订的12题中文版心理健康问卷（Chinese Health Questionnaire-12, CHQ-12），共12个项目，分为躯体症状、焦虑和担忧、抑郁3个维度。采用4点计分，1、2、3、4选项对应分数分别为0、0、1、1，所有项目总计分为0~12分。得分越低，表明心理状况越好。总分≥4分的个体存在心理问题。该问卷在本研究中的克隆巴赫系数为0.77。

10. 人口学信息

通过调查问卷方式收集研究对象的人口学信息，主要包括性别、就读学校、年级、班级、专业、父母受教育水平、父母职业、家庭经济水平等，进行分类保存。

（三）数据收集与统计分析

研究数据来源于"健康中国战略下听障学生心理健康的社会服务模式研究"的国家级课题数据库，数据收集获得课题学校学术伦理委员会的审核通过，并征得特殊教育学校领导、班主任及家长的知情同意。研究主试由具有丰富问卷施测经验的心理学专业研究生、特殊教育专业研究生担任，整个施测过程均在手语教师的帮助下进行。在进行施测前，主试会提前与手语教师进行沟通，以确保手语翻译与问卷内容的一致性。施测全程使用"讯飞听见"辅助设备，先由主试和手语教师配合讲解指导语并告知答题的保密性。所有问卷均由听障青少年完成，用时40~60分钟。最后由主试统一回收和整理问卷。

数据录入采用平行录入法，收回问卷后及时对问卷进行了录入，数据录入完成后至少经过三次抽检校对，以保证数据的准确性。采用SPSS 26.0统计软件建立数据库。

通过独立样本 t 检验及单因素方差分析考察各变量在听障青少年性别、学段等人口学特征上的差异，采用皮尔逊（Pearson）相关分析考察心理健康各指标之间的相关关系。

三 结果与分析

（一）听障青少年心理健康各项指标的特点

听障青少年自我认知、情绪、行为、学业及心理健康状况的平均分和标准差及其在人口学变量上的差异分析结果见表3-2。

采用独立样本 t 检验来分析听障青少年自我认知、情绪、行为、学业及心理健康问题在性别上的差异，结果发现，自我接纳、自我污名、消极情感、亲社会倾向的得分均存在显著的性别差异。男生的自我接纳、自我污名得分均显著高于女生（$t_{自我接纳}=2.54$，$t_{自我污名}=2.47$，$ps<0.05$），消极情感和亲社会倾向得分显著低于女生（$t_{消极情感}=-3.42$，$t_{亲社会倾向}=-2.20$，$ps<0.05$）；听障青少年在自尊、生活满意度、积极情感、攻击行为、学习动机、心理健康问题得分上不存在显著的性别差异（$ts≤1.45$，$ps>0.05$）。上述结果表明，听障男生的自我接纳和自我污名水平显著高于女生，听障女生的消极情感和亲社会倾向水平均高于男生。

采用单因素方差分析检验听障青少年自我认知、情绪、行为、学业及心理健康问题在学段上的差异，结果发现，听障青少年生活满意度、积极情感、亲社会倾向、攻击行为的学段差异显著［$Fs(2,839)≥4.86$，$ps<0.01$］。高中/中职生的生活满意度、积极情感、亲社会倾向得分均高于初中生和高职生；高职生的攻击行为得分高于高中/中职生和初中生。听障青少年自尊、自我接纳、自我污名、消极情感、学习动机、心理健康问题均不存在显著的学段差异［$Fs(2,839)≤2.47$，$ps>0.05$］。上述结果表明，在三个学段中，高中/中职阶段的听障青少年生活满意度、积极情感、亲社会倾向最高，高职生的攻击行为

表3-2 听障青少年心理健康状况各指标的平均分和标准差及差异分析

研究对象		自尊	自我接纳	自我污名	生活满意度	积极情感	消极情感	攻击行为	亲社会倾向	学习动机	心理健康
性别	男	27.41 (3.04)	41.81 (4.90)	48.72 (8.87)	24.41 (4.73)	29.39 (6.95)	20.16 (6.32)	80.13 (15.91)	80.16 (14.84)	41.05 (5.10)	2.84 (2.27)
	女	27.44 (3.37)	40.88 (5.58)	47.18 (8.82)	24.24 (4.74)	29.54 (7.20)	21.74 (6.80)	78.71 (15.40)	82.42 (14.38)	40.53 (5.04)	3.09 (2.18)
t		-0.12	2.54*	2.47*	0.49	-0.31	-3.42***	1.29	-2.20*	1.45	-1.57
学段	①初中	27.41 (3.41)	41.45 (4.51)	48.42 (8.63)	24.59 (4.25)	28.04 (7.09)	20.55 (6.75)	77.39 (16.39)	78.01 (14.38)	40.19 (5.08)	3.17 (2.26)
	②高中/中职	27.52 (3.22)	41.32 (5.88)	46.97 (8.95)	24.91 (4.85)	30.07 (7.11)	21.03 (6.48)	79.86 (16.01)	84.41 (14.90)	41.15 (5.29)	2.89 (2.24)
	③高职	27.29 (3.02)	41.28 (5.17)	48.87 (8.96)	23.48 (4.98)	29.91 (6.86)	21.07 (6.71)	81.12 (14.68)	80.31 (14.23)	40.76 (4.82)	2.86 (2.23)
F		0.30	0.42	2.47	4.98** ②>①③	6.10*** ②>③①	0.32	4.86** ③>②①	11.30*** ②>③①	1.65	1.19
家庭经济水平	①1~3低	26.75 (3.13)	40.03 (5.59)	48.99 (8.87)	22.27 (5.54)	29.79 (6.86)	22.25 (7.10)	81.87 (16.44)	78.88 (15.20)	39.76 (4.88)	3.73 (2.53)
	②4~7中	27.64 (3.24)	41.56 (5.10)	47.35 (8.74)	24.66 (4.30)	29.54 (6.98)	20.67 (6.33)	78.68 (15.36)	82.43 (14.39)	40.97 (4.73)	2.70 (2.09)
	③8~10高	28.20 (2.59)	42.73 (4.98)	50.47 (9.60)	26.80 (3.59)	29.43 (6.81)	18.94 (6.99)	81.65 (16.05)	81.41 (15.50)	41.80 (7.00)	2.59 (2.11)
F		6.63*** ③>②①	7.89*** ③>②①	4.59** ③>①②	26.95*** ③>②①	0.10	6.41** ①>②③	3.27* ①>③②	3.96* ②>③①	5.30** ③>②①	15.79*** ①>②③

注：*$p<0.05$，**$p<0.01$，***$p<0.001$。下同。

相对较多。

同样采用单因素方差分析检验家庭经济水平上的差异，结果发现，自尊、自我接纳、自我污名、生活满意度、消极情感、攻击行为、亲社会倾向、学习动机、心理健康问题在家庭经济水平上的差异显著[Fs（2,839）≥3.27, ps<0.05]。家庭经济水平较高的听障青少年，其自尊、自我接纳、自我污名、生活满意度、学习动机得分均显著高于家庭经济水平中等和较低的听障青少年；家庭经济水平较低的听障青少年，其消极情感、攻击行为、心理健康问题得分均显著高于家庭经济水平较高和中等的听障青少年；家庭经济水平中等的听障青少年，其亲社会倾向得分高于家庭经济水平较高和较低的听障青少年。积极情感在不同家庭经济水平上的差异不显著[Fs（2,839）= 0.10, ps>0.05]。总体上看，家庭经济水平高的听障青少年自尊、自我接纳、生活满意度和学习动机高，自我污名化程度也较强；家庭经济水平低的听障青少年有更多的消极情感、攻击行为和心理健康问题。可见家庭经济水平是听障青少年发展中的重要影响因素之一。

（二）听障青少年心理健康问题的检出率

842名听障青少年在心理健康问卷总分上的最小分值为0分，最大分值为11分，统计平均得分为（2.96±2.29）分。参照杨廷忠等人（2003）的研究，心理健康总分≥4分表明存在心理健康问题，总分≤3分表明不存在心理障碍。总的来看，842人中总分≥4分者有324人，占总人数的38.5%；心理健康问题总分≤3分者518人，占总人数的61.5%，这表明被调研的听障青少年中有超过三分之一的人存在心理健康问题，接近三分之二的听障青少年心理健康状况良好。

（三）听障青少年心理健康各指标的相关关系

采用皮尔逊相关分析考察听障青少年自我认知、情绪、行为、学业及心理健康问题的相关关系，结果见表3-3。

表3-3 听障青少年心理健康各指标的相关分析结果

研究对象	1	2	3	4	5	6	7	8	9
1自尊	1								
2自我接纳	0.31**	1							
3自我污名	-0.20**	-0.22**	1						
4生活满意度	0.27**	0.29**	-0.02	1					
5积极情感	0.25**	0.21**	-0.18**	0.31**	1				
6消极情感	-0.12**	-0.22**	0.21**	-0.11**	0.19**	1			
7攻击行为	-0.21**	-0.29**	0.30**	-0.07*	0.02	0.39**	1		
8亲社会行为	0.24**	0.04	-0.12**	0.25**	0.37**	0.03	-0.14**	1	
9学习动机	0.27**	0.27**	-0.02	0.32**	0.31**	-0.07	-0.03	0.28**	1
10心理健康问题	-0.23**	-0.23**	0.29**	-0.10**	-0.13**	0.31**	0.21**	-0.10**	-0.10**

表3-3相关分析的结果显示，听障青少年自尊和自我接纳与生活满意度、积极情感、亲社会行为、学习动机显著正相关，与自我污名、消极情感、攻击行为和心理健康问题之间显著负相关；自我污名与积极情感、亲社会行为显著负相关，与消极情感、攻击行为、心理健康问题两两之间显著正相关；学习动机、生活满意度、积极情感、亲社会行为两两之间显著正相关，四者均与心理健康问题显著负相关。需要指出的是，积极情感与消极情感之间显著正相关。

四 讨论

本研究通过描述统计考察了听障青少年自我认知、情绪、行为、学习动机及心理健康问题的特点及相关关系。研究发现，听障青少年心理健康各指标不同程度地存在性别、学段、家庭经济水平等人口学变量上的差异，各变量之间存在不同程度的相关关系。

（一）听障青少年心理健康各项指标的特点

本研究发现，听障男生的自我接纳和自我污名水平显著高于女生，听障女生的消极情感和亲社会倾向均高于男生。这与以往的研究相一致，男生的自我接纳水平显著高于女生（刘琪，2022）。范志光、刘莎、张洪杰（2020）在对听障大学生的追踪研究中发现，男生自我污名化高于女生。但齐玲（2014）的研究未发现听障中学生自我污名的性别差异。张悦（2020）对听障中学生亲社会行为的研究中也表明，女生的内隐亲社会行为和外显亲社会行为水平整体均高于男生。青少年在消极情感上男生得分显著低于女生（王英芊，邹泓，侯珂等，2016）。在三个学段中，高中/中职阶段的听障青少年生活满意度、积极情感、亲社会倾向水平最高，高职生的攻击行为相对较多。家庭经济水平高的听障青少年自尊、自我接纳、生活满意度和学习动机高，自我污名化程度也较强；经济水平低的听障青少年有更多的消极情感、攻击行为和心理健康问题。可见家庭经济水平是听障青少年发展中的重要影响因素之一。对于听障高中生和中职生来说，他们的认知水平高于听障初中生，开始接受与未来职业有关专业课程和实习，基本明确了今后的发展方向，心理和情绪上更稳定，生活满意度水平高，积极情感、亲社会倾向更强。研究中还发现，与家庭经济水平较低和中等的听障青少年相比，家庭经济水平较高的听障青少年自尊、自我接纳、自我污名、生活满意度、学习动机水平、亲社会行为倾向更强，心理健康问题相对较少。在访谈中我们也发现，家庭经济条件较好的听障青少年非常在意他们对自己身体缺陷的评价，他们的自尊和自卑的情绪体验都比较强。因此，在后续的干预中也要考虑到听障青少年这些看似矛盾的心理特点，并充分考虑其性别、学段及经济水平的差异。

（二）听障青少年心理健康问题的检出率

所调研的听障青少年中，心理健康总分≥4分的听障青少年占样本总人数的38.5%，这表明有超过三分之一的学生存在心理健康问题，近三分之二的听障青少年心理健康状况良好。总体上看，本次调研的对象心理健康问题检出率较高。这与以往的研究基本一致，国内对听障群体心理健康问题的测量多采用症状自评量表进行研究，其中躯体化、偏执、人际关系敏感、敌对等消极指标的问题较为突出（刘毅玮，冯谦，2005）。国内外针对听障青少年心理健康问题的比较研究中发现，与健听青少年相比，听障青少年面临着更多的心理健康问题，且心理问题发病率也较高（徐方忠，冯年琴，2005）。听障青少年的学习焦虑较健听青少年轻，而孤独倾向较健听青少年更重，听障青少年有明显的社交回避现象，且心理焦虑倾向也高于健听青少年（张宇迪，陈呈超，2006）。在基于个体的心理健康社会服务中，既要看到听障青少年存在的心理健康问题，更要结合其优势资源促进其健康发展。

（三）听障青少年心理健康各指标的相关关系

本研究发现，除学习动机与心理健康问题之间无显著相关外，听障青少年的自我（自尊、自我接纳、自我污名）、情绪（生活满意度、积极情感、消极情感）、行为（攻击行为、亲社会行为）、学业（学习动机）及心理健康问题之间均存在不同程度的正相关或负相关关系。国内外已有研究也发现自我污名与自尊、自我接纳之间的负相关关系。听障青少年会将"被污名"的体验和认知内化，成为他们的自动思维（李美美，杨柳，2018）。已有研究发现，听障青少年自尊水平和自我接纳程度越高，其生活满意度越高（祁丽萍，周婷，赵月等，2021），与本研究结果相一致。听障儿童青少年学业适应不良也是其焦虑和抑郁情绪的重要原因之一（张婧雅，邹敏，孙宏伟等，2023）。生活满意度是幸福感的重要组成部分，生活满意度高的个体更可能表现出亲社会行为倾向（Zhang & Zhao, 2021；田惠东，张玉红，王魁等，2022）。这里需要注意的是，听障青少年的积极和消极情感显著正相关。积极和消极情感两者同属于幸福感水平的一部分，访谈中发现，对积极情感体验深刻的听障青少年的消极情感体验往往也比较突出。在后续的干预研究中也需要根据具体情况采取相应的干预措施。

由于本研究目的在于考察听障青少年心理健康在各指标上的特点，对父母职业、受教育水平的划分较为粗略，未详细区分职业的专业技术种类以及大学及以上的受教育水平，这也是本研究中的不足。

五 结论

基于对听障青少年自我认知、情绪、行为、学习动机、心理健康问题的描述分析，得出以下主要结论。

（1）听障男生的自我接纳和自我污名水平显著高于女生，听障女生的消极情感和亲社会倾向显著高于男生；在三个学段中，高中/中职阶段的听障青少年生活满意度、积极情感、亲社会倾向最高，高职生的攻击行为相对较多；家庭经济水平高的听障青少年自尊、自我接纳、生活满意度和学习动机高，自我污名化程度也较强；家庭经济水平低的听障青少年有更多的消极情感、攻击行为和心理健康问题。

（2）被调研的听障青少年中有超过三分之一的人（38.5%）存在心理健康问题，接近三分之二的听障青少年心理健康状况良好。

（3）听障青少年自我认知、情绪、行为、学习动机、心理健康问题之间存在不同程度的正相关和负相关关系。

第二节 听障青少年自我接纳、自我污名与心理健康问题的关系

一 研究问题

自我接纳（Self-Acceptance）是指个体在情感和态度上接受真实的自我（丛中，高文凤，1999），自我污名（Self-Stigma）是指弱势人群将部分社会成员对该人群贬低性、侮辱性的负面评价内化为自我的一部分，从而形成消极的自我认知（齐玲，2014）。已有研究发现自我接纳和自我污名与听障青少年心理健康密切相关，本研究主要考察自我接纳和自我污名对心理健康问题的预测作用，以及这种预测作用的差异。

二 研究方法

（一）研究对象

研究数据来源为"健康中国战略下听障学生心理健康的社会服务模式研究"的国家级课题数据库。本研究中的有效被试共509人，其中男生275人（54%），女生234人（46%）；初中学段131人（25.7%），高中/中职学段148人（29.1%），高职学段230人（45.2%）；父亲受教育水平为"初中及以下"的有362人（71.1%），"高中及以上"的有147人（28.9%），母亲受教育水平为"初中及以下"的有403人（79.2%），"高中及以上"的有106人（20.8%）；父亲职业为"农民"的有216人（42.4%），"临时工/下岗"的有10人（2.0%），"工人等其他"的有283人（55.6%），母亲职业为"农民"的有300人（59.0%），"临时工/下岗"的有25人（4.9%），"工人等其他"的有184人（36.1%）；家庭经济水平较低（报告分值为1~3）的有124人（24.4%），家庭经济水平中等（报告分值为4~7）的有359人（70.5%），家庭经济水平较高（报告分值为8~10）的有26人（5.1%）。研究对象分布情况见表3-4。

表3-4 研究对象分布（N=509）

研究对象		人数	占比	总计
性别	男	275	54.0%	509
	女	234	46.0%	
学段	初中	131	25.7%	509
	高中/中职	148	29.1%	
	高职	230	45.2%	
父亲受教育水平	初中及以下	362	71.1%	509
	高中及以上	147	28.9%	
母亲受教育水平	初中及以下	403	79.2%	509
	高中及以上	106	20.8%	
父亲职业	农民	216	42.4%	509
	临时工/下岗	10	2.0%	
	工人等其他	283	55.6%	
母亲职业	农民	300	59.0%	509
	临时工/下岗	25	4.9%	
	工人等其他	184	36.1%	
家庭经济水平	较低	124	24.4%	509
	中等	359	70.5%	
	较高	26	5.1%	

（二）研究工具和数据分析

本研究中的主要研究工具为自我接纳问卷、自我污名量表和心理健康问卷，关于研究工具的介绍详见本章第一节中的研究工具。

研究数据的收集过程及管理同本章第一节中的数据收集。本研究中主要采用回归分析来考察自我接纳和自我污名对听障青少年心理健康的预测作用。

三 结果与分析

（一）描述统计和相关关系

自我接纳、自我污名、心理健康问题的平均分、标准差及相关分析结果见表3-5。

表3-5 自我接纳、自我污名、心理健康问题的平均分、标准差及相关关系

研究对象	$M\pm SD$	自我接纳	自我污名	心理健康问题
自我接纳	41.15±5.27	1		
自我污名	47.82±9.07	−0.25**	1	
心理健康问题	2.95±2.27	−0.27**	0.31**	1

注：$*p<0.05, **p<0.01, ***p<0.001$，下同。

由表3-5可知，听障青少年自我接纳与心理健康问题呈显著负相关，自我污名与心理健康问题显著正相关。这表明自我接纳水平越高，自我污名水平越低，心理健康问题越少；自我污名水平越高，心理健康问题越多。

（二）自我接纳、自我污名对心理健康问题的预测作用

以心理健康问题总分及各维度为因变量，以自我接纳和自我污名为自变量，以性别、学段、家庭经济水平等作为控制变量，采用分层回归分析，考察自我接纳和自我污名对心理健康问题的预测作用。结果见表3-6。

表3-6 自我接纳、自我污名对心理健康问题的预测作用（N=509）

因变量	自变量	β	t	ΔR^2	ΔF
躯体化	第一步				
	性别	0.10	2.42*	0.03	6.06***
	学段	-0.01	-0.29		
	家庭经济水平	-0.13	-3.14**		
	第二步				
	自我接纳	-0.12	-2.68**	0.08	24.94***
	自我污名	0.24	5.51***		
焦虑和担忧	第一步				
	性别	0.01	0.19	0.03	6.41***
	学段	-0.06	-1.41		
	家庭经济水平	-0.16	-3.76***		
	第二步				
	自我接纳	-0.11	-2.48*	0.07	22.11***
	自我污名	0.22	5.26***		
抑郁	第一步				
	性别	0.07	1.74	0.03	4.92**
	学段	-0.04	-0.98		
	家庭经济水平	-0.11	-2.73**		
	第二步				
	自我接纳	-0.17	-3.90***	0.09	27.46***
	自我污名	0.21	4.99***		

续表

因变量	自变量	β	t	ΔR²	ΔF
心理健康问题总分	第一步			0.05	8.19***
	性别	0.06	1.56		
	学段	−0.02	−0.55		
	家庭经济水平	−0.16	−3.97***		
	第二步			0.14	42.50***
	自我接纳	−0.17	−4.06***		
	自我污名	0.29	6.79***		

由表3-6可知，控制性别、学段和家庭经济水平之后，自我接纳能够显著负向预测心理健康问题及三个维度，自我污名能够显著正向预测心理健康问题及三个维度。而且从预测作用的强度上看，自我污名对躯体化、焦虑和担忧、抑郁及心理健康问题总分的预测作用相对更强。

四 讨论

本研究发现，听障青少年自我接纳、自我污名分别与心理健康问题存在显著的负相关和正相关关系，自我接纳可以显著负向预测听障青少年的心理健康问题及各维度，自我污名可以显著正向预测听障青少年的心理健康问题及各维度。这与已有研究基本一致（詹清和，倪凯德，邵阳，2017）。自我接纳代表着积极的自我概念，是心理健康发展的保护性因素，自我接纳水平越高，心理健康状况越好（刘琴，罗贝琲，2023），相应的心理健康问题就越少。自我污名实质上也是消极的自我标签，体现着个体对自己的否定和不认可。已有研究也发现自我污名会通过排斥社会支持间接导致个体抑郁（唐蔚东，张季芳，杨梦碟，2023）。自我污名水平高的听障青少年更可能遭遇社会排斥，缺少社会联结，产生被否定、被孤立的状态（范志光，付晓男，刘莎，2021）。

进一步的回归分析发现，在控制性别、学段、家庭经济水平的情况下，自我接纳和自我污名分别可以显著负向预测和正向预测听障青少年的心理健康问题及三个维度。同时，自我污名对躯体化、焦虑和担忧、抑郁、心理健康问题的预测作用均大于自我接纳。由于身体的缺陷，听障青少年往往对自己持污名化观点，他们可能会认为自己较难实现现阶段或更长远的目标，从而产生焦虑情绪。听障青少年正确认识并接纳自己身体的现状是其目前面临的较大困难之一。因此，在后续针对存在心理健康问题的听障个体进行心理辅导或咨询时，要考虑到心理健康问题的具体表现，一方面提供积极心理教育，培养听障青少年自信心，促进其自我接纳，另一方面也要从外部环境优化和内在素质提升上帮助听障青少年减少对自己的污名化，有助于其减少心理健康问题，获得更好的社会适应。

五 结论

通过本研究，我们可以得出以下主要结论。

（1）听障青少年自我接纳、自我污名分别与心理健康问题存在显著的负相关和正相关关系。

（2）自我接纳显著负向预测听障青少年心理健康问题，自我污名显著正向预测其心理健康问题，且自我污名对心理健康问题的预测作用大于自我接纳。

第三节　听障青少年攻击行为、亲社会行为与心理健康问题的关系

一、研究问题和目的

攻击行为（Aggressive Behavior）是指个体有意去伤害他人躯体或心理的行为（李宏利，宋耀武，2004），亲社会行为（Prosocial Behavior）指一切自愿使他人获益的行为，包括助人、分享、谦让、合作、安慰、捐赠、自我牺牲等一切积极的、有社会责任感的行为（蔺秀云，方晓义，李辉等，2006）。本研究主要考察听障青少年攻击行为和亲社会行为对心理健康问题的预测作用及可能存在的性别和学段差异。

二、研究方法

（一）研究对象

研究数据来源为"健康中国战略下听障学生心理健康的社会服务模式研究"国家级课题数据库。本研究中的有效被试共510人，其中男生273人（53.5%），女生237人（46.5%）；初中学段140人（27.4%），高中/中职学段160人（31.4%），高职学段210人（41.2%）；父亲受教育水平为"初中及以下"的有349人（68.4%），高中及以上的有161人（31.6%）；母亲受教育水平为"初中及以下"的有385人（75.5%），"高中及以上"的有125人（24.5%）；父亲职业为"农民"的有209人（41.0%），父亲为"临时工/下岗"的有9人（1.8%），"工人等其他"的有292人（57.2%）；母亲职业为"农民"的有298人（58.4%），"临时工/下岗"的有26人（5.1%），"工人等其他"的有186人（36.5%）；家庭经济水平较低（报告分值为1~3分）的有115人（22.5%），家庭经济水平中等（报告分值为4~7分）的有365人（71.6%），家庭经济水平较高（报告分值为8~10分）的有30人（5.9%）。研究对象分布情况见表3-7。

表3-7　研究对象分布（N=510）

研究对象		人数	占比	总计
性别	男	273	53.5%	510
	女	237	46.5%	
学段	初中	140	27.4%	510
	高中/中职	160	31.4%	
	高职	210	41.2%	
父亲受教育水平	初中及以下	349	68.4%	510
	高中及以上	161	31.6%	
母亲受教育水平	初中及以下	385	75.5%	510
	高中及以上	125	24.5%	
父亲职业	农民	209	41.0%	510
	临时工/下岗	9	1.8%	
	工人等其他	292	57.2%	
母亲职业	农民	298	58.4%	510
	临时工/下岗	26	5.1%	
	工人等其他	186	36.5%	
家庭经济水平	较低	115	22.5%	510
	中等	365	71.6%	
	较高	30	5.9%	

（二）研究工具和数据分析

本研究主要采用了攻击行为问卷、亲社会倾向量表、心理健康问卷，关于研究工具的介绍详见本章第一节中的研究工具。

研究数据的收集过程及管理同本章第一节中的数据收集。本研究中主要采用回归分析来考察攻击行为和亲社会行为对听障青少年心理健康的预测作用。

三 结果与分析

（一）描述统计和相关分析

听障青少年攻击行为、亲社会行为与心理健康问题的平均分和标准差及变量之间的相关分析结果见表3-8。

表3-8 听障青少年攻击行为、亲社会行为、心理健康问题的平均分、标准差及相关关系

研究对象	M±SD	攻击行为	亲社会行为	心理健康问题
攻击行为	79.60±15.55	1		
亲社会行为	81.48±15.08	−0.14**	1	
心理健康问题	2.95±2.27	0.24**	−0.12**	1

注：$*p<0.05, **p<0.01, ***p<0.001$。下同。

由表3-8可知，听障青少年亲社会行为与心理健康问题显著负相关，攻击行为与心理健康问题显著正相关。亲社会行为越多，心理健康问题越少；而攻击行为越多，心理健康问题越多。

（二）攻击行为、亲社会行为对心理健康问题的预测作用

以心理健康问题及其各维度为因变量，以攻击行为、亲社会行为为自变量，控制性别、学段和家庭经济水平，采用分层回归分析，考察攻击行为和亲社会行为对听障青少年心理健康问题的预测作用，结果见表3-9。

表3-9 攻击行为、亲社会行为对心理健康问题的预测（N=510）

因变量	自变量	β	t	ΔR^2	ΔF
躯体化	第一步				
	性别	0.08	1.96	0.05	8.61***
	学段	−0.03	−0.61		
	家庭经济水平	−0.19	−4.33***		
	第二步				
	攻击行为	0.16	3.79***	0.03	8.05***
	亲社会行为	−0.08	−1.93		
焦虑和担忧	第一步				
	性别	−0.01	−0.28	0.03	4.95**
	学段	−0.07	−1.74		
	家庭经济水平	−0.14	−3.36**		
	第二步				
	攻击行为	0.20	4.86***	0.04	12.72***
	亲社会行为	−0.09	−2.09*		
抑郁	第一步				
	性别	0.07	1.60	0.03	4.72**
	学段	−0.06	−1.39		
	家庭经济水平	−0.13	−3.24**		
	第二步				
	攻击行为	0.22	5.41***	0.05	14.81***
	亲社会行为	−0.06	−1.34		

续表

因变量	自变量	β	t	ΔR^2	ΔF
心理健康问题总分	第一步				
	性别	0.05	1.18	0.05	9.16***
	学段	−0.04	−0.99		
	家庭经济水平	−0.20	−4.57***		
	第二步				
	攻击行为	0.25	5.82***	0.06	18.07***
	亲社会行为	−0.10	−2.30*		

由表3-9可知，攻击行为显著正向预测听障青少年躯体化、焦虑和担忧、抑郁、心理健康问题，亲社会行为则显著负向预测躯体化、焦虑和担忧、心理健康问题。从预测作用的强度上看，攻击行为对听障青少年躯体化、焦虑和担忧、抑郁、心理健康问题的预测作用相对更强。

四 讨论

本研究发现，听障青少年攻击行为、亲社会行为与心理健康问题均显著相关，攻击行为能够显著正向预测心理健康问题，即听障青少年攻击行为越多，其心理健康问题越多；亲社会行为能够显著负向预测心理健康问题，即听障青少年亲社会倾向越强，其心理健康问题越少。有研究表明，初中生的攻击行为与心理健康水平程度之间存在显著的负相关性（杨粤凝，彭逍遥，冯淑丹，2022），亲社会行为与心理弹性等心理作用机制存在显著正相关（李娜，2023）。听障青少年的攻击行为越多，其反映出的社会适应问题越多，且因为听障青少年与社会、他人的交流渠道受阻，对听障青少年的错误行为的纠正也存在一定的困难，从而导致听障青少年心理健康问题的增多。相反，听障青少年亲社会倾向越强，其与社会的联结越强，能够获取到的积极反馈越多，使得其心理健康问题越少。

进一步回归分析发现，攻击行为、亲社会行为对躯体化、焦虑和担忧、抑郁、心理健康问题均存在显著的预测作用，且攻击行为对躯体化、焦虑和担忧、心理健康问题总分的预测作用均大于亲社会行为。有研究表明，个体发生攻击行为时，相应的躯体及心理因素也会做一定的调整，且攻击行为与心理健康问题的各项症状显著正相关（哈丽娜，王灵灵，戴秀英等，2016），因此，当听障青少年出现攻击行为时，其心理健康问题也会相应地显现出来，且会减弱亲社会行为对心理健康水平的正向影响。

因此，在对听障青少年心理健康教育过程中，要正确引导听障青少年减少攻击行为，增加亲社会行为，这有助于其减少心理健康问题，获得更积极的情绪体验，更好地适应和融入社会。同时，这样做可以有效预防听障青少年违纪行为和违法行为，更有益于家庭和谐与社会安定。

五 结论

通过上述研究，我们可以得出以下主要结论。

（1）听障青少年攻击行为、亲社会行为分别与心理健康问题存在显著正相关和负相关关系。

（2）攻击行为能够显著正向预测听障青少年心理健康问题，亲社会行为能够显著负向预测心理健康问题，且攻击行为对心理健康问题的预测作用大于亲社会行为。

参考文献

[1] 刘在花,许家成,吴铃.聋人大学生心理健康状况研究[J].中国特殊教育,2006,(8):91-95.

［2］ 郝均倩. 国内聋人大学生心理健康研究述评［J］. 中国特殊教育, 2011, （1）: 47-51.

［3］ Rosenberg, M. Society and the adolescent self-image［J］. Social Forces, 1965, 3（2）: 1780-1790.

［4］ 汪向东, 王希林, 马宏. 心理卫生评定量表手册（增订版）［M］. 北京: 中国心理卫生杂志社, 1999: 283-285.

［5］ 丛中, 高文凤. 自我接纳问卷的编制与信度效度检验［J］. 中国行为医学科学, 1999, （1）: 20-22.

［6］ 齐玲. 听力障碍中学生残疾自我污名量表修订及流行病学调查研究［D］. 武汉: 华中科技大学, 2014.

［7］ Diener, E. D., Emmons, R. A., Larsen, R. J., & Griffin, S. The satisfaction with life scale［J］. Journal of Personality Assessment, 1985, 49（1）: 71-75.

［8］ Watson, D., Clark, L.A., & Tellegen, A. Development and validation of brief measures of positive and negative affect: The PANAS scales［J］. Journal of Personality and Social Psychology, 1988, 54（6）: 1063-1070.

［9］ Buss, A. H., & Perry, M. The Aggression Questionnaire［J］. Journal of Personality and Social Psychology, 1992, 63（3）: 452-459.

［10］ Carlo, G., & Randall, B. A. The development of a measure of prosocial behaviors for late adolescents［J］. Journal of Youth and Adolescence, 2002, 31（1）: 31-44.

［11］寇彧, 洪慧芳, 谭晨, 等. 青少年亲社会倾向量表的修订［J］. 心理发展与教育, 2007, 23（1）: 112-117.

［12］余安邦. 社会取向成统动机与自我取向应统动机不同吗？从动机与行为的关系加以探讨［J］. "中央研究院"民族学研究所集刊, 1994, 76: 197-224.

［13］杨廷忠, 黄丽, 吴贞一. 中文健康问卷在中国大陆人群心理障碍筛选的适宜性研究［J］. 中华流行病学杂志, 2003, （9）: 20-24.

［14］刘琪. 父母自主支持与听障青少年心理健康的关系：有调节的中介作用［D］. 济南：山东师范大学, 2022.

［15］范志光, 刘莎, 张洪杰. 听力障碍大学生自我污名与家庭关怀的关系［J］. 中国心理卫生杂志, 2020, 34（9）: 778-783.

［16］张悦. 听障中学生亲社会行为及其影响因素研究［D］. 上海：华东师范大学, 2020.

［17］王英芊, 邹泓, 侯珂, 等. 亲子依恋、同伴依恋与青少年消极情感的关系：有调节的中介模型［J］. 心理发展与教育, 2016, 32（2）: 226-235.

［18］刘毅玮, 冯谦. 初中聋生心理健康状况与家庭环境的相关研究［J］. 中国特殊教育, 2005, （5）: 56-60.

［19］徐方忠, 冯年琴. 听力残疾中学生心理健康状况调查［J］. 中国学校卫生, 2005, （2）: 145-146.

［20］张宇迪, 陈呈超. 聋生心理健康状况的初步调查［J］. 中国特殊教育, 2006, （5）: 28-32.

[21] 李美美, 杨柳. 听障中学生自我污名对自尊的影响：群体认同的调节作用[J]. 中国特殊教育, 2018, (10): 38-43.

[22] 祁丽萍, 周婷, 赵月, 等. 教师支持对听障青少年生活满意度的影响[J]. 中国听力语言康复科学杂志, 2021, 19 (2): 123-127.

[23] 张婧雅, 邹敏, 孙宏伟, 等. 听障儿童青少年焦虑或抑郁情绪心理干预效果的系统综述[J]. 中国康复理论与实践, 2023, 29 (9): 1004-1011.

[24] Zhang, H. Y. & Zhao, H. H. Infuence of urban residents' life satisfaction on prosocial behavioral intentions in the community: Amultiple mediation model [J]. Journal of Community Psychology, 2021, 49 (2): 406-418.

[25] 田惠东, 张玉红, 王魁, 等. 感恩与听障学生亲社会行为的关系：有调节的中介模型[J]. 心理与行为研究, 2022, 20 (4): 549-555.

[26] 詹清和, 倪凯德, 邵阳. 自我接纳在心理健康和自我差异间的中介效应[J]. 中国健康心理学杂志, 2017, 25 (9): 1418-1423.

[27] 刘琴, 罗贝琲. 听障大学生自我接纳与人际信任的关系：家庭支持的中介作用[J]. 现代特殊教育, 2023, (6): 41-47.

[28] 唐蔚东, 张季芳, 杨梦碟. 自我污名对残障大学生抑郁的影响[J]. 中国学校卫生, 2023, 44 (1): 90-93+98.

[29] 范志光, 付晓男, 刘莎. 自我污名对听力障碍大学生抑郁影响的追踪研究：自我效能感、歧视知觉的中介作用[J]. 中国临床心理学杂志, 2021, 29 (6): 1266-1270.

[30] 李宏利, 宋耀武. 青少年攻击行为干预研究的新进展[J]. 心理科学, 2004, (4): 1005-1009.

[31] 蔺秀云, 方晓义, 李辉, 等. 云南省学生亲社会倾向发展趋势及对学校适应的预测[J]. 心理发展与教育, 2006, (4): 44-51.

[32] 杨粤凝, 彭逍遥, 冯淑丹. 父亲在位与初中生攻击行为: 以心理健康为中介作用[J]. 心理月刊, 2022, 17 (24): 27-30+55.

[33] 李娜. 家庭氛围对大学生亲社会行为的影响: 心理弹性的中介作用[J]. 淮南师范学院学报, 2023, 25 (2): 120-123+128.

[34] 哈丽娜, 王灵灵, 戴秀英, 等. 宁夏大学生攻击行为与心理健康及社会支持的相关性[J]. 中国学校卫生, 2016, 37 (2): 233-235+238.

第四章
听障青少年心理健康的家庭和同伴因素

根据生态系统理论,人的心理与行为发展是个体因素与环境因素交互作用的结果。听障青少年的心理健康发展不仅与其个体因素有关,也受家庭、学校、同伴等环境因素的影响,是个体与环境交互作用的结果。本章分别探讨了父母自主支持、同伴支持与听障青少年心理健康之间的关系,社会支持、亲社会行为与听障青少年主观幸福感之间的关系,以及家庭支持、自尊与听障青少年学习动机之间的关系。本章除考察家庭和同伴因素的直接作用外,也考察了家庭和同伴因素与个体因素对听障青少年心理健康的共同作用。

第一节 父母自主支持、同伴支持与听障青少年心理健康的关系

一 研究问题

父母自主支持（Parental Autonomy Support）指父母能够尊重孩子的想法和感受，支持孩子自主表达和决定（Ryan, Deci, Grolnick, et al., 2015），对青少年的积极情感和生活满意度具有促进作用（彭顺，牛更枫，汪夏等，2021）。随着个体年龄的增长，尤其在个体进入青春期之后，同伴在个体发展中的重要性日益增强。对于听障青少年而言，来自同伴的支持可以有效降低孤独感，提升主观幸福感（Lasanen Määttä, & Uusiautti, 2019；马艺丹，薛威峰，刘琴等，2023）。根据认知框架理论（Young, 1986），个体模仿从亲子互动中习得的人际交往态度与行为，并内化为自己的应对模式，这会作为个体以后社会交往的模板，直接影响其同伴相处模式及结果。比如，良好的亲子关系可以满足个体的心理需求，个体又会将这种积极情感联结泛化到周围的同伴关系。因此，本研究主要考察听障青少年父母自主支持、同伴支持与心理健康问题的关系，以及同伴支持在父母自主支持与心理健康问题之间的中介作用。

二 研究方法

（一）研究对象

本研究数据来自"健康中国战略下听障学生心理健康的社会服务模式研究"国家级课题数据库。本研究中有效被试798人，其中男生426人，女生372人；初中生213人，平均年龄（15.39±1.84）岁，高中/中职生276人，平均年龄（17.78±1.48）岁，高职生309人，平均年龄（21.09±2.05）岁。

（二）研究工具

1. 心理健康问卷

参见第三章第一节研究工具中对该问卷的详细说明。

2. 父母自主支持量表

采用由王、波梅兰茨、陈（Wang, Pomerantz, Chen, 2007）修订的父母自主支持量表（Parental Autonomy Support Scale, PASS），包含12个条目，采用5点计分，从"完全不符合"到"完全符合"分别记1～5分，各项目得分相加为父母自主支持总分，总分越高表示听障青少年感知到的父母自主支持水平越高。该量表的信效度在国内样本中得到了验证（邓林园，刘晓彤，唐远琼等，2021）。本研究中该量表的克隆巴赫系数为0.84。

3. 同伴支持量表

采用由赵金霞和李振（2017）修订的领悟社会支持量表（Multi-Dimensional Scale of Perceived Social Support, MSPSS），该量表分为3个维度：家庭支持、教师支持和同伴支持，本研究选用其中的同伴支持分量表，包含4个条目，采用5点计分，从"非常不同意"到"非常同意"分别记1～5分，各项目得分相加为同伴支持总分，总分越高表示听障青少年感知到的同伴支持水平越高。该量表适用于听障青少年群体（吴彤，陈晓旭，徐夫真，2023）。本研究中该量表的克隆巴赫系数为0.62。

（三）施测程序和数据处理

研究数据的收集过程及数据录入同本书第三章的数据收集一致。本研究中主要采用描述统计和相关分析来考察听障青少年父母自主支持、同伴支持、心理健康问题的基本特点及变量间的相关关系，采用结构方程模型考察听障青少年父母自主支持和同伴支持对心理健康问题的预测作用，以及同伴支持的中介作用。

三、结果与分析

（一）听障青少年父母自主支持、同伴支持和心理健康问题的特点

不同性别、学段的听障青少年父母自主支持、同伴支持和心理健康问题及各维度的平均分和标准差见表4-1。以性别（男、女）和学段（初中、高中/中职、高职）为自变量，分别以听障青少年父母自主支持、同伴支持和心理健康问题及各维度为因变量进行2×3单因素方差分析，结果发现，听障青少年心理健康躯体症状维度的性别主效应显著，$F(1, 792)=4.35$，偏$\eta^2=0.01$，$p<0.05$，女生躯体症状水平显著高于男生；父母自主支持的学段主效应显著，$F(2, 792)=7.70$，偏$\eta^2=0.02$，$p<0.001$，进一步事后检验发现，高职和高中/中职学段的听障青少年的父母自主支持水平显著高于初中学段的听障青少年。听障青少年父母自主支持、同伴支持和心理健康问题及焦虑与担忧维度和抑郁维度在性别上的主效应均不显著，$Fs(2, 792)\leq3.53$，$ps>0.05$；听障青少年同伴支持和心理健康问题及各维度在学段上的主效应均不显著，$Fs(2, 792)\leq1.95$，$ps>0.05$；听障青少年父母自主支持、同伴支持和心理健康问题及各维度在性别和年级上的交互效应均不显著，$Fs(2, 792)\leq2.29$，$ps>0.05$。

表4-1 父母自主支持、同伴支持和心理健康问题及各维度的平均分和标准差（$M\pm SD$）

变量	性别		学段			总体
	男	女	初中	高中/中职	高职	
父母自主支持	40.38±6.98	40.26±7.49	38.69±7.17	40.73±7.40	41.09±6.92	40.32±7.22
同伴支持	14.71±2.70	14.47±2.70	14.68±2.88	14.48±2.83	14.63±2.44	14.59±2.70

续表

变量	性别		学段			总体
	男	女	初中	高中/中职	高职	
心理健康问题	2.87±2.20	3.06±2.15	3.19±2.20	2.83±2.18	2.89±2.15	2.95±2.18
躯体症状	0.97±0.93	1.11±0.92	1.09±0.94	1.00±0.90	1.03±0.95	1.04±0.93
焦虑与担忧	0.84±0.92	0.81±0.89	0.90±0.90	0.81±0.95	0.79±0.87	0.83±0.91
抑郁	1.06±1.04	1.12±1.05	1.20±1.06	1.02±1.01	1.07±1.06	1.09±1.05

（二）听障青少年父母自主支持、同伴支持与心理健康问题的相关关系

表4-2各变量相关分析的结果显示，听障青少年父母自主支持、同伴支持分别与心理健康问题及各维度均显著负相关（$-0.15 \leqslant r \leqslant -0.09$, $ps<0.05$），这表明听障青少年感知到的父母自主支持或同伴支持越多，其心理健康问题越少。听障青少年父母自主支持与同伴支持显著正相关（$r=0.29$, $ps<0.001$），这表明听障青少年感知到的父母自主支持越多，其感知到的同伴支持也越多。

表4-2 父母自主支持、同伴支持和心理健康各维度及其总分之间的相关关系

变量	父母自主支持	同伴支持	心理健康问题	躯体症状	焦虑与担忧	抑郁
父母自主支持	1					
同伴支持	0.29***	1				
心理健康问题	-0.18***	-0.15***	1			

续表

变量	父母自主支持	同伴支持	心理健康问题	躯体症状	焦虑与担忧	抑郁
躯体症状	-0.15***	-0.15***	0.75***	1		
焦虑与担忧	-0.17***	-0.09*	0.74***	0.35***	1	
抑郁	-0.08*	-0.09**	0.78***	0.36***	0.36***	1

注：*$p<0.05$，**$p<0.01$，***$p<0.001$。下同。

（三）父母自主支持对听障青少年心理健康问题的预测：同伴支持的中介作用

采用结构方程模型来分析同伴支持在父母自主支持与听障青少年心理健康问题之间的中介作用。如图4-1所示，在控制性别后，父母自主支持显著负向预测听障青少年心理健康问题（$\beta=-0.19$，$p<0.001$），显著正向预测同伴支持（$\beta=0.29$，$p<0.001$），同伴支持显著负向预测心理健康问题（$\beta=-0.13$，$p<0.01$）。进一步使用偏差校正的Bootstrap法（重复抽样5000次）对中介效应进行检验，结果显示，同伴支持的中介效应值为0.01，其置信区间为[-0.006，-0.001]，区间不包含0，这说明同伴支持在父母自主支持与听障青少年心理健康问题之间起中介作用，中介效应占总效应的比例为16.23%。

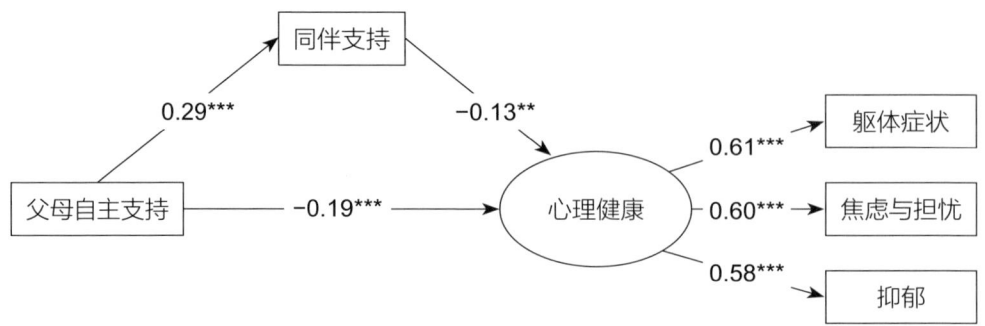

图4-1 父母自主支持对听障青少年心理健康问题的预测：同伴支持的中介作用

四 讨论

本研究主要考察了父母自主支持、同伴支持、听障青少年心理健康问题的特点和相关关系,以及同伴支持在父母自主支持与听障青少年心理健康问题之间的中介作用。

参与本研究的听障青少年群体中,女生躯体症状水平显著高于男生。女生在青春期更容易受到情绪波动的影响,对自身的身体感受更敏感,她们在应对身心问题和生活困难中受到更大的心理压力,从而导致更多的躯体症状(Schild & Dalenberg, 2015)。与听障高中/中职生和高职生相比,听障初中生感知到更低的父母自主支持。听障初中生正处于青春发育期,独立自主需求和意识更强。但父母往往担心他们年龄小、知识经验相对不足,而给予更多的关心和照料,并帮助孩子做决策。在听障初中生看来,父母的这种关爱和照料某种程度上限制了他们的自由和自主性。在后续的访谈中我们也发现听障初中生并不希望父母对自己的生活和学习干涉和参与太多,希望父母能够给自己多些理解和空间。

父母自主支持、同伴支持均可以显著负向预测听障青少年的心理健康问题,即父母自主支持、同伴支持越高,听障青少年的躯体症状、焦虑和担忧、抑郁水平越低。根据社会支持理论(Cohen & Wills, 1985),个体从社会关系网络中获得或感知到的支持会影响其心理健康发展。父母自主支持是青少年积极发展的重要外部因素之一(Froiland & Worrell, 2017),来自父母的支持和鼓励有助于听障青少年建立积极的自我认同和自尊,增强他们的社交能力和自信心,从而减少焦虑、抑郁及其他问题行为发生的风险。随着社会性的发展,听障青少年对父母的依赖程度逐渐降低,同伴关系对其学习和生活的影响越来越大,来自同伴的接纳与支持可以有效降低听障青少年的孤独感和疏离感,从而提高他们的心理健康水平。

父母自主支持不仅能够直接减轻听障青少年的心理健康问题，还能够通过同伴支持间接影响其心理健康问题。父母的行为和态度可以对个体的社会交往和关系产生重要影响（Khan, Uddin, Mandic, et al., 2020）。一方面，父母自主支持水平高的听障青少年往往会表现出良好的社会技能和亲社会行为，这可能会受到同伴的认可和接纳，进而获得更多的同伴支持。另一方面，听障青少年的父母若积极鼓励孩子与同伴建立联系，这种支持也可以促进听障青少年与同伴之间的互动和友谊，减少社交隔离感，有助于改善其心理健康。

同伴支持在父母自主支持对听障青少年心理健康的影响中起中介作用。人际交往是一个学习和模仿的过程（简仲谦，2018）。研究表明，青少年会把与父母的交往模式与体验迁移到同伴交往中（林巧明，石向实，2015）。感知到较多父母自主支持的听障青少年，也同样会感知到更多同伴支持。无论父母自主支持还是同伴支持都是减少听障青少年心理症状的重要保护因素。

本研究启示家长在养育听障青少年的过程中，不要只关注其发展中的弱势地位，更要适当授权，尊重和支持他们独立自主意识的发展，鼓励孩子结交良友，这也是他们在社会融入过程中的必修课。

五 结论

通过上述研究，我们可以得出以下主要结论。

（1）听障女生躯体症状水平显著高于男生，听障初中生感知到的父母自主支持水平显著低于高中/中职生和高职生。

（2）听障青少年的父母自主支持、同伴支持分别与其心理健康问题及各维度之间存在显著的负相关关系，父母自主支持与同伴支持之间存在显著的正相关关系。

（3）父母自主支持可以直接负向预测听障青少年心理健康问题，也可以通过同伴支持的中介作用间接影响其心理健康。

第二节 社会支持、亲社会行为与听障青少年主观幸福感的关系

一、研究问题

主观幸福感（Subjective Well-Being）是指个体依据自身主观标准对生活质量做出的全面性和综合性的评估，包括生活满意度、积极情感和消极情感3个维度（Diener, Suh, Lucas, et al., 1999）。来自家庭、朋友和教师等的社会支持有助于增加听障个体的主观幸福感（Lovretić, Pongrac, Vuletić, et al., 2016）。亲社会行为（Prosocial Behavior）是指个体自愿做出的能够使他人获益的行为，如助人行为、利他行为、分享行为等（Carlo & Randall, 2002）。亲社会行为与听障青少年的生活满意度存在正相关关系（田惠东，张玉红，王魁等，2022）。根据间接互惠理论（Molm, 2010），利他行为是可以传递的，即被关照的个体更倾向于表现出有益于他人的亲社会行为。因此，本研究主要考察听障青少年社会支持、亲社会行为与主观幸福感的关系，以及亲社会行为在社会支持与听障青少年主观幸福感之间的中介作用。

二、研究方法

（一）研究对象

本研究数据来自"健康中国战略下听障学生心理健康的社会服务模式研究"国家级课题数据库。本研究只选取了数据库中来自特殊教育学校的听障初中生和高中生。有效被试为373人。其中男生190人，女生183人；初中生224人，平均年龄（15.80±1.04）岁，高中生149人，平均年龄（17.02±1.88）岁。

（二）研究工具和数据分析

本研究采用了社会支持量表、亲社会倾向量表、生活满意度量表、积极情感和消极情感量表，分别测量听障青少年感知社会支持、亲社会行为倾向、生活满意度、积极和消极情感。其中，领悟社会支持量表的介绍详见本章第一节研究工具部分。在本研究中，该量表项目的克隆巴赫系数为0.79。亲社会倾向量表、生活满意度量表、积极情感和消极情感量表的介绍详见本书第三章第一节中的研究工具部分。

参考已有研究（Busseri & Sadava, 2011），将生活满意度、消极情感、积极情感均值进行标准化，生活满意度与积极情感之和再减去消极情感值即为主观幸福感指标。研究数据的收集过程及管理同第三章。本研究采用SPSS 25.0对各变量进行描述统计和相关分析，应用SPSS宏程序PROCESS的模型4进行中介效应分析。对被试缺失值采用期望-极大化算法（Expectation-Maximization algorithm, EM）进行填补。

三　结果与分析

（一）听障青少年社会支持、亲社会行为和主观幸福感的特点

不同性别、学段的听障青少年社会支持、亲社会行为和主观幸福感及各维度的平均分和标准差见表4-3。以性别（男、女）和学段（初中、高中）为自变量，分别以听障青少年社会支持、亲社会行为和主观幸福感及各维度为因变量进行2×2双因素方差分析，结果发现，亲社会行为的学段主效应显著，$F(1, 369)=24.97$，偏$\eta^2=0.06$，$p<0.001$，高中学段的听障青少年的亲社会行为水平显著高于初中学段的听障青少年。听障青少年社会支持、亲社会行为和主观幸福感在性别上的主效应，以及在性别和年级上的交互效应均不显著，$Fs(1, 369) \leq 2.45$，$ps>0.05$；社会支持和主观幸福感在学段上的主效应也不显著，$Fs(1, 369) \leq 2.16$，$ps>0.05$。

表4-3 社会支持、亲社会行为和主观幸福感及各维度的平均分和标准差（$M \pm SD$）

变量	性别		学段		总体
	男	女	初中	高中	
社会支持	44.10±7.47	44.79±7.03	44.23±7.75	44.75±6.46	44.44±7.26
亲社会行为	77.79±14.41	81.87±14.19	77.83±14.25	88.29±13.26	80.81±14.32
主观幸福感	33.27±10.70	32.10±10.82	32.07±10.66	33.64±10.89	32.70±10.76
生活满意度	24.89±4.36	24.57±4.32	24.61±4.21	24.91±4.53	24.73±4.34
积极情感	29.06±6.78	29.10±7.28	28.08±7.12	30.60±6.61	29.08±7.02
消极情感	20.68±6.44	21.57±7.11	20.61±6.76	21.87±6.78	21.12±6.78

（二）听障青少年社会支持、亲社会行为与主观幸福感的相关关系

表4-4各变量相关分析的结果显示，听障青少年社会支持、亲社会行为分别与听障青少年主观幸福感及生活满意分维度和积极情感分维度呈显著正相关（$0.21 \leq r \leq 0.68$, $ps<0.001$），这表明听障青少年感知到的社会支持或亲社会行为越多，其主观幸福感水平越高。

表4-4 听障青少年社会支持、亲社会行为与主观幸福感及各维度的相关关系

变量	社会支持	亲社会行为	主观幸福感	生活满意度	积极情感	消极情感
社会支持	1					
亲社会行为	0.21***	1				
主观幸福感	0.37***	0.30***	1			
生活满意度	0.25***	0.25***	0.68***	1		
积极情感	0.34***	0.34***	0.63***	0.35***	1	
消极情感	-0.08	0.04	-0.50***	-0.09	0.26***	1

注：***$p<0.001$。下同。

（三）社会支持对听障青少年主观幸福感的预测：亲社会行为的中介作用

根据温忠麟和叶宝娟（2014）的中介分析流程，采用SPSS宏程序PROCESS的模型4来分析亲社会行为在社会支持与听障青少年主观幸福感之间的中介作用。在控制学段后，社会支持显著正向预测听障青少年主观幸福感（$\beta=0.37, p<0.001$），即总效应显著。纳入亲社会行为这一中介变量后，如图4-2所示，社会支持对听障青少年主观幸福感的直接效应依然显著（$\beta=0.32, p<0.001$），社会支持显著正向预测亲社会行为（$\beta=0.20, p<0.001$），亲社会行为显著正向预测听障青少年主观幸福感（$\beta=0.23, p<0.001$）。进一步使用偏差校正的Bootstrap法（重复抽样5000次）对中介效应进行了检验。结果显示，亲社会行为的中介效应值为0.07，其置信区间为［0.022, 0.098］，区间不包含0，说明亲社会行为在社会支持与听障青少年主观幸福感之间起中介作用。中介效应占总效应的比例为12.76%。

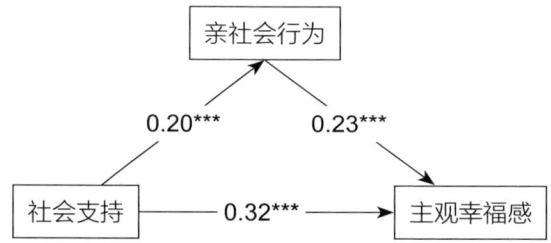

图4-2 社会支持对听障青少年主观幸福感的预测：亲社会行为的中介作用

四 讨论

本研究主要考察了听障青少年社会支持、亲社会行为与主观幸福感之间的关系，以及亲社会行为的中介作用。结果发现，社会支持、亲社会行为均可以显著正向预测听障青少年的主观幸福感，亲社会行为在社会支持与听障青少年主观幸福感之间起中介作用。

本研究发现听障青少年社会支持可以直接正向预测其主观幸福感，即听障青少年感知到的社会支持水平越高，其主观幸福感水平也越高，这与陈欣、杜岸政、蒋艳菊等（2019）对聋人大学生的研究结果一致。教师和父母是个体成长过程中的重要他人，也是听障青少年生活和学习中的重要资源，感知到认可和鼓励的学生会体验到更多的积极情感，表现出更高的自信心和学习效能感（Lei, Cui, & Chiu, 2018）。尤其是来自家人的理解和支持，可以减轻听障青少年的学习和生活压力，让他们感到被关心和尊重，生活满意度水平更高。此外，教师和家庭提供的情感和工具上的支持也有助于听障青少年更好地适应环境，建立自我价值，这对改善听障青少年的心理状态和增加幸福感有直接促进作用。

社会支持不仅能够直接提升听障青少年的主观幸福感，还能够通过亲社会行为间接影响其主观幸福感水平。根据社会认知理论的观点（郭焱，2022），环境、个体认知因素和个体行为存在关联，环境因素（如社会支持）会影响个体的认知和行为因素（如亲社会认知和亲社会行为）。社会支持意味着帮助和接纳，感知到更多社会支持的听障青少年通常能够接纳自己的生理缺陷，也更感恩所获得的帮助（田惠东, 张玉红, 王魁等, 2022），他们也更可能关注个人的优势资源，并为他人提供帮助。这种亲社会行为的表现又有助于听障青少年增强归属感和社会认同感，从而体验到更高的满意感和幸福感。正所谓"赠人玫瑰，手有余香"。

本研究启示家长、教师等要充分给予听障青少年情感上的鼓励和工具上的支持，合理关切听障青少年的学习与生活，既要积极培养听障青少年的亲社会行为，又要对其表现出的亲社会行为予以及时强化，从而使得听障青少年在接受帮助时感到温暖，又在帮助别人时感到愉悦，不断内化助人自助的理念，提升主观幸福感。

五 结论

通过本研究，我们可以得出以下主要结论。

（1）听障青少年的社会支持、主观幸福感、亲社会行为两两之间存在显著的正相关关系。

（2）社会支持可以直接正向预测听障青少年主观幸福感，也可以通过亲社会行为的中介作用间接影响其主观幸福感。

第三节 家庭支持、自尊与听障青少年学习动机的关系

一 研究问题

学习动机（Learning Motivation）是指激励并维持学习者朝向某一目的的学习行为的动力倾向（Feraco, Resnati, Fregonese, et al., 2023）。学习动机的高低和质量直接影响个体的学习效果和学校适应情况。对于听障青少年而言，家庭支持更是一种强大的外部资源，它能够为听障青少年的成长提供充分保障，及时有效地帮助其适应学习环境，对听障青少年在学习过程中遇到的困难和挑战提供情感上的鼓励和工具上的支持。杜静媚、何慧敏、谢文萍等（2016）基于扎根理论，通过对六例个案深入研究发现父母合理的期望能显著增强听障青少年的学习动机。此外，作为一个与个体成就动机直接相关的因素，自尊与自我取向的学习动机高相关（Moyano, Quílez-Robres, & Pascual, 2020）。莫瑞亚和辛格（Maurya & Singh, 2016）研究发现自尊能够显著正向预测听障学生的学习动机和学业成绩。从自我系统过程模型（Connell & Wellborn, 1991）的视角来看，家庭支持会通过个体自我系统进而影响其学习动机。因此，本研究主要考察听障青少年家庭支持、自尊与学习动机的关系，以及自尊在家庭支持与听障青少年学习动机之间的中介作用。

二 研究方法

（一）研究对象

本研究数据来自"健康中国战略下听障学生心理健康的社会服务模式研

究"国家级课题数据库。本研究中有效被试694人，其中男生376人，女生318人；初中生183人，平均年龄（14.64±1.54）岁，高中/中职生253人，平均年龄（17.37±1.69）岁，高职生258人，平均年龄（20.58±2.12）岁。

（二）研究工具和数据分析

本研究采用了社会支持量表中的家庭支持分量表、自尊量表和学习动机量表。家庭支持分量表的介绍详见本章第一节，自尊量表和学习动机量表详见本书第三章第一节研究工具的介绍。

研究数据的收集过程及管理同第三章。本研究采用SPSS 25.0对各变量进行描述统计和相关分析，采用Mplus8.0构建结构方程模型进行中介分析。对被试缺失值采用期望-极大化算法（Expectation-Maximization algorithm, EM）进行填补。

三 结果与分析

（一）听障青少年家庭支持、自尊和学习动机的特点

不同性别、学段的听障青少年家庭支持、自尊和学习动机的平均分和标准差见表4-5。以性别（男、女）和学段（初中、高中/中职、高职）为自变量，分别以听障青少年家庭支持、自尊和学习动机为因变量进行2×3双因素方差分析，结果发现，家庭支持在性别和学段上的交互效应显著，$F(2, 688)=5.89$，偏$\eta^2=0.02$，$p<0.01$。进一步简单效应分析发现，在高职学段的听障青少年群体中，男生感知到的家庭支持显著高于女生；听障青少年家庭支持、自尊和学习动机在性别、学段上的主效应均不显著，$Fs(2, 688)\leq2.49$，$ps>0.05$；自尊和学习动机在性别和年级上的交互效应也不显著，$Fs(2, 688)\leq0.87$，$ps>0.05$。

表4-5 听障青少年家庭支持、自尊和学习动机的平均分和标准差（$M \pm SD$）

变量	性别		学段			总体
	男	女	初中	高中/中职	高职	
家庭支持	15.71±2.81	15.47±2.84	15.38±2.79	15.58±2.82	15.77±2.71	15.60±2.82
自尊	27.41±3.02	27.55±3.47	27.52±3.39	27.59±3.26	27.32±3.10	27.47±3.23
学习动机	44.07±6.57	43.80±6.51	43.21±6.28	44.83±6.84	43.60±6.35	43.95±6.54

（二）听障青少年家庭支持、自尊与学习动机的相关关系

表4-6各变量相关分析的结果显示，听障青少年家庭支持、自尊、学习动机两两之间呈显著正相关（$0.17 \leq r \leq 0.68$, $ps<0.001$）。这表明听障青少年感知到的家庭支持越多，其自尊水平就越高，学习动机也越强。

表4-6 听障青少年家庭支持、自尊与学习动机的相关关系

变量	家庭支持	自尊	学习动机
家庭支持	1		
自尊	0.17***	1	
学习动机	0.31***	0.32***	1

注：***$p<0.001$。下同。

（三）家庭支持对听障青少年学习动机的预测：自尊的中介作用

采用结构方程模型来分析自尊在家庭支持与听障青少年学习动机之间的中介作用。如图4-3所示，在控制性别与学段后，家庭支持显著正向预测听障青少年学习动机（$\beta=0.27$, $p<0.001$）和自尊（$\beta=0.17$, $p<0.001$）；自尊显著正向预

测学习动机（β=0.27, p<0.001）。进一步使用偏差校正的Bootstrap法（重复抽取5000次）对中介效应进行检验，结果显示，自尊的中介效应值为0.11，其置信区间为［0.057, 0.168］，区间不包含0，这说明自尊在家庭支持与听障青少年学习动机之间起中介作用，中介效应占总效应的比例为14.80%。

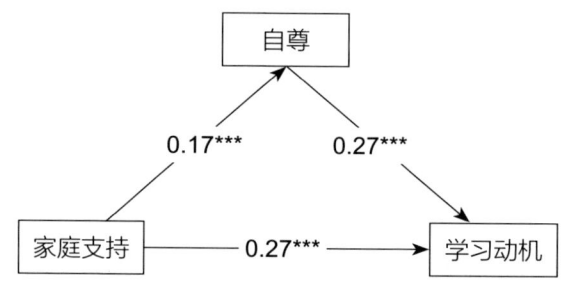

图4-3　家庭支持对听障青少年学习动机的预测：自尊的中介作用

四　讨论

本研究主要考察了听障青少年家庭支持、自尊与学习动机之间的关系，以及自尊的中介作用。结果发现，家庭支持、自尊均可以显著正向预测听障青少年的学习动机，自尊在家庭支持与听障青少年学习动机之间起中介作用。

本研究发现听障青少年感知的家庭支持水平越高，其学习动机越强，这与以往在健听青少年中的研究结果相一致（Fan & Williams, 2010）。家庭支持通常是指，父母（或主要抚养者）在情感、物质、教育和社交等方面向子女（或被监护人）提供支持和关爱的行为和资源（余益兵，于家伟，李艳如等，2022）。一方面，家庭支持可以给予听障青少年情感上的安全感，促进听障青少年与家庭成员之间的亲密关系和沟通。根据自我决定理论（Ryan & Deci, 2000），个体动机有自主需求、能力需求和关系需求。听障青少年在学习中会遇到许多困难和挑战，来自家庭的支持和理解会使他们更有信心和动力去克服和应对。另一方面，家庭对听障青少年教育和社交方面的支持和指导，可以帮助他们学习掌握沟通策略和技巧等（Chang, Wu, Ching, et al., 2023），增强他们在学校人际交往的适应和沟通能力，提升学习动力。

另外，家庭为听障青少年配备适当的听力辅助设备，提供受教育、康复及发展的经济资源，营造有利于学习和生活的家庭环境等，这些都会直接或间接地帮助听障青少年更加专注和投入学习。

家庭支持不仅能够直接增强听障青少年的学习动机，还能够通过自尊间接影响其学习动机水平。自我验证理论（Swann, 1997）指出，人们为了获得对外界的控制和预测，会不断追寻与自我概念相一致的反馈，从而保持并强化个体原有的自我概念（如自尊）。个体在高水平的家庭支持环境中，会形成更加积极的自我概念，即高水平的自尊，个体为了保持这一自尊水平会不断追求与该水平相一致的外界反馈，这一过程又需要相应的动机来维持。对于听障青少年而言，他们在学习过程中面临多重困难和挑战，包括沟通障碍、学习压力等。如果他们能够感受到来自家庭的支持和理解，将有助于培养他们的自信心，对提高他们的自尊水平会产生积极影响（Theunissen, Rieffe, Netten, et al., 2014），而听障青少年具有较高的自尊时，会更有信心和动力去面对学习中的困难和挑战，从而提高其学习的积极性和主动性。总而言之，自尊在家庭支持和听障青少年学习动机之间起到连接的桥梁作用。

本研究启示家长一方面要尊重、支持和关心听障青少年的情感需求，给予他们积极的情感反馈，帮助他们树立积极的自我评价，鼓励他们发现自己的优点和潜力，培养积极的心态；另一方面要帮助听障青少年培养适应能力和解决问题的技能，提高他们面对困难和挫折的能力，从而增强他们的自尊心和学习动机。

五 结论

通过本研究，我们可以得出以下主要结论。

（1）听障青少年的家庭支持、自尊、学习动机两两之间存在显著的正相关关系。

（2）家庭支持可以直接正向预测听障青少年学习动机，也可以通过自尊的中介作用间接影响其学习动机。

本章主要考察了家庭因素（如父母自主支持、家庭支持等）、同伴因素（如同伴支持等）与听障青少年主观幸福感、学习动机和心理健康问题的关系，以及自我因素（如自尊、亲社会行为）在其中的中介作用。研究发现，支持性的家庭养育环境、同伴群体的接纳和支持有助于发展个体的自尊水平和亲社会行为，进而有助于增强听障青少年的主观幸福感和学习动机。外部环境的积极作用会通过内部自我系统来影响发展结果。这也提示我们，要重视对听障青少年的环境教育，尤其是培育良好的家庭教养环境，但不是所有的听障青少年父母都能够意识到家庭支持的重要性，有时他们会忽略孩子自主性的发展，所以需要家庭所在的社区要加强宣传教育，学校要适当增加家庭教育指导，各职能部门不仅要增加对"生而不养，养而不教"的惩治，也要为听障家庭提供适当的帮助。对于听障青少年的父母而言，也要善于发现和发挥家庭中的优势资源，助力孩子发展与家庭和谐。

听障青少年的健康发展需要个人、家庭、学校、社区、社会等各方面的有效协作。因此，我们构建系统性、综合性、程序化的心理健康社会服务模式，以期形成心理健康教育的长效机制，促进听障青少年社会适应，实现社会成果的共享共建。

参考文献

[1] Ryan, R. M., Deci, E. L., Grolnick, W. S., & Guardia, J. G. The significance of autonomy and autonomy support in psychological development and psychopathology. In D. Cicchetti & D. J. Cohen（Eds.）, Developmental Psychopathology: Theory and Method［M］. New York：John Wiley & Sons, 2015.

[2] 彭顺, 牛更枫, 汪夏, 等. 父母自主支持对青少年积极情绪适应的影响：基本心理需要满足的中介与调节作用模型［J］. 心理发展与教育, 2021, 37（2）: 240-248.

[3] Lasanen, M., Määttä, K., & Uusiautti, S. 'I am not alone'–an ethnographic research on the peer support among northern-Finnish children with hearing loss［J］. Early Child Development and Care, 2019, 189（7）: 1203-1218.

[4] 马艺丹, 薛威峰, 刘琴, 等. 群体认同与听障青少年主观幸福感的关系：听障朋友支持的中介作用［J］. 2023, 心理与行为研究, 21（2）: 266-272.

[5] Young, J. E. A cognitive-behavioral approach to friendship disorders. In V. J. Derlega B. A. Winstead （Eds.）, Friendship and social interaction［M］. New York: Springer New York, 1986.

[6] Wang, Q., Pomerantz, E. M., & Chen, H. The role of parents' control in early adolescents' psychological functioning: A longitudinal investigation in the United States and China［J］. Child Development, 2007, 78（5）: 1592-1610.

［7］ 邓林园, 刘晓彤, 唐远琼, 等. 父母心理控制、自主支持与青少年网络游戏成瘾：冲动性的中介作用［J］. 中国临床心理学杂志, 2021, 29（2）: 316-322.

［8］ 赵金霞, 李振. 亲子依恋与农村留守青少年焦虑的关系：教师支持的保护作用［J］. 心理发展与教育, 2017, 33（3）: 361-367.

［9］ 吴彤, 陈晓旭, 徐夫真. 听障青少年社会支持与主观幸福感的关系：有调节了中介作用［J］. 中国特殊教育, 2023,（11）: 43-50.

［10］ Schild, S., & Dalenberg, C. J. Consequences of child and adult sexual and physical trauma among deaf adults［J］. Journal of Aggression, Maltreatment & Trauma, 2015, 24（3）: 237-256.

［11］ Cohen, S., & Wills, T. A. Stress, social support, and the buffering hypothesis［J］. Psychological Bulletin, 1985, 98（2）: 31-57.

［12］ Froiland, J. M., & Worrell, F. C. Parental autonomy support, community feeling and student expectations as contributors to later achievement among adolescents［J］. Educational Psychology, 2017, 37（3）: 261-271.

［13］ Khan, S. R., Uddin, R., Mandic, S., & Khan, A. Parental and peer support are associated with physical activity in adolescents: evidence from 74 countries［J］. International Journal of Environmental Research and Public Health, 2020, 17（12）: 4435.

［14］ 简仲谦. 听障中学生人际交往能力发展现状研究——以厦门市特殊教育学校为例［J］. 绥化学院学报, 2018, 38（7）: 37-40.

［15］ 林巧明, 石向实. 初中生人际关系的发展及其与自我概念的关系［J］. 健康研究, 2015, 35（4）: 412-414.

[16] Diener, E., Suh, E., Lucas, R. E., & Smith, H. Subjective well-being: Three decades of progress［J］. Social Science Electronic Publishing, 1999, 125（2）: 276-302.

[17] Lovretić, V., Pongrac, K., Vuletić, G., & Benjak, T. Role of social support in quality of life of people with hearing impairment［J］. Journal of Applied Health Sciences, 2016, 2（1）: 5-14.

[18] Carlo, G., & Randall, B. A. The development of a measure of prosocial behaviors for late adolescents［J］. Journal of Youth & Adolescence, 2002, 31（1）: 31-44.

[19] Molm, L. D. The structure of reciprocity［J］. Social psychology quarterly, 2010, 73（2）: 119-131.

[20] Busseri M., Sadava S. A review of the tripartite structure of subjective well-being: Implications for conceptualization, operationalization, analysis, and synthesis［J］. Journal of Personality, 2011, 15（3）: 290-314.

[21] 温忠麟, 叶宝娟. 中介效应分析：方法和模型发展［J］. 心理科学进展, 2014, 22（5）: 731-745.

[22] 陈欣, 杜岸政, 蒋艳菊, 等. 聋人大学生社会支持对主观幸福感的影响：乐观的中介作用［J］. 中国特殊教育, 2019,（2）: 24-29.

[23] Lei, H., Cui, Y., & Chiu, M. M. The relationship between teacher support and students' academic emotions: A meta-analysis［J］. Frontiers in Psychology, 2018, 8: 2288.

[24] 郭焱. 领悟社会支持与大学生亲社会行为的关系——共情的中介作用和自尊的调节作用［J］. 教育观察, 2022, 11（32）: 7-11.

［25］田惠东, 张玉红, 王魁, 等. 感恩与听障学生亲社会行为的关系: 有调节的中介模型. ［J］心理与行为研究, 2022, 20（4）: 549–555.

［26］Feraco, T., Resnati, D., Fregonese, D., Spoto, A., & Meneghetti, C. An integrated model of school students' academic achievement and life satisfaction. Linking soft skills, extracurricular activities, self-regulated learning, motivation, and emotions［J］. European Journal of Psychology of Education, 2023, 38（1）: 109–130.

［27］杜静娟, 何慧敏, 谢文萍, 等. 听障儿童学习适应性与家庭支持的扎根理论研究［J］. 现代特殊教育, 2016,（20）: 9–15.

［28］Moyano, N., Quílez-Robres, A., & Cortés Pascual, A. Self-esteem and motivation for learning in academic achievement: The mediating role of reasoning and verbal fluency［J］. Sustainability, 2020, 12（14）: 5768.

［29］Maurya, R., & Singh, V. K. A study of self-concept of hearing impaired children in relation to their academic achievement［J］. International Journal of Advanced Education and Research, 2016, 1（5）: 39–42.

［30］Connell, J. P., & Wellborn, J. G. Competence, autonomy, and relatedness: A motivational analysis of self-system processes［J］. Journal of Personality and Social Psychology, 1991, 65: 43–77.

［31］Fan, W., & Williams, C. M. The effects of parental involvement on students' academic self-efficacy, engagement and intrinsic motivation［J］. Educational Psychology, 2010, 30（1）: 53–74.

［32］余益兵, 于家伟, 李艳如, 等. 农村留守儿童领悟家庭支持、朋友支持与抑郁的交叉滞后分析［J］. 心理与行为研究, 2022, 20（4）: 472–478.

［33］ Ryan, R. M., & Deci, E. L. Self-determination theory and the facilitation of intrinsic motivation, social development and well-being［J］. The American Psychologist, 2000, 55（1）: 68–78.

［34］ Chang, F., Wu, H. X., Ching, B. H. H., Li, X., & Chen, T. T.Behavior problems in deaf/hard-of-hearing children: Contributions of parental stress and parenting styles［J］. Journal of Developmental and Physical Disabilities, 2023, 35（4）: 607–630.

［35］ Swann, W. B. The trouble with change: Self-verification and allegiance to the self［J］. Psychological Science, 1997, 8（3）: 177–180.

［36］ Theunissen, S. C., Rieffe, C., Netten, A. P., Briaire, J. J., Soede, W., Kouwenberg, M., & Frijns, J. H. Self-esteem in hearing-impaired children: The influence of communication, education, and audiological characteristics ［J］. PloS one, 2014, 9（4）: e94521.

第五章
听障青少年心理健康社会服务多主体协作模式的构建

心理健康服务不仅是听障青少年康复服务系统的一部分,也是对《健康中国行动——儿童青少年心理健康行动方案(2019—2022年)》的具体落实,是维护和提升听障青少年心理健康发展科学有效的途径。目前我国相关心理社会服务可分为医疗与心理康复训练、社区心理卫生服务、学校心理健康教育和辅导。听障青少年心理健康社会服务需要政府职能部门、社会机构、社区、学校、家庭等有序协作,聚焦于听障青少年的心理健康发展。与普通健听群体相比,对听障者心理社会服务的内容和形式更具专业性、特殊性、适用性,要充分考虑听障群体的发展特点和需求。

第一节 多主体协作模式的理论构想

一 理论基础

（一）生态系统理论

发展心理学家布朗芬布伦纳（Bronfenbrenner, 1993）提出生态系统理论来解释环境对个体发展的影响机制。该理论强调了个体与其所处系统之间的交互作用共同影响其发展结果。根据对个体影响的直接程度，可分为五个子系统：微系统、中间系统、外层系统、宏系统，以及不断变化的时间系统。

1. 微系统

微系统是影响最直接的近端子系统，包括家庭、学校、同伴群体等。其中，家庭成员的接纳、期待和支持可以提升听障青少年的生活质量和主观幸福感（张婧雅,邹敏,孙宏伟等,2023），为听障青少年的家长提供专业和心理上的支持，有助于提升父母的心理健康水平及家庭照料质量。学校是直接的教育基地，教师和同学的理解和支持、包容的学习环境，有助于听障青少年的心理健康和社会适应（郑璇,许家靓,2023）。个性化的教育计划、适当的辅助设备和教学方法可提高听障青少年的学习投入和学习适应。同伴群体是个体成长过程的参照系统，同龄人之间的接纳和理解可以促进听障青少年的社交互动和自信心（王丽萍,2022）。通过社交技能培训和积极的同伴关系，听障青少年可以更好地融入同龄人的社交圈。

2. 中间系统

中间系统是指微系统之间的联系或相互关系，有助于解释不同环境系统之间的互动如何影响个体的发展和行为。例如，家庭与学校之间的合作共育有助于听障青少年在学业、家庭和个性化教育计划等方面得到更好的支持。学校与社区的协作能够提供听障青少年所需的教育资源、职业培训机会，还有助于提高社会对听障问题的认识，减少歧视，创造更包容的和"滋养"的环境。家校社之间的协作有助于较为全面地理解听障青少年，提供更具配适性的支持。

3. 外层系统

外层系统指的是个体未直接参与，但对其发展产生影响的系统，包括父母的职业、工作环境、社区。父母的职业间接影响听障青少年的生活质量（陈明英，2018）。例如，父母的工作时间和工作稳定性会影响家庭的经济水平和家庭照料的时间，进一步影响听障青少年能否获得必要的听力辅助设备、医疗服务和教育资源。社区是联结家庭、学校及其他职能部门的枢纽和桥梁，为听障青少年及其家庭提供及时、必要的资源，参与社会生活的机会及其他社会服务活动和支持服务，以增强其社会融入。

4. 宏系统

宏系统是生态系统理论中的最外层，它代表了更广泛的社会和文化环境，包括国家、文化、社会价值观、亚文化群体、政治体系和历史传统等因素。社会制度和政策也会影响听障青少年的权益和社会融入。2016年，中共中央、国务院印发的《"健康中国2030"规划纲要》明确了加强心理健康服务体系建设的迫切性，尤其关注特殊群体，如残疾人，包括听障青少年的心理健康。同年，原国家卫生计生委、中宣部等22个部门联合印发了《关于加强心理健康服务的指导意见》。这些政策措施强调了政府的承诺，确保残疾人能够获得必要的心理健康支持，以更好地融入社会。文化和社会价值观也会对听障青少年的自我认同和社交体验产生深远影响。社会对听障人士的态度和认知会影响听障青少年的自尊心和社交适应能力。包容和尊重多样性的文化价值观可以促进听障青少年的全面发展。国家或国际上关于残疾人事业发展的规划、趋势及理念等，这是构建和实施心理健康社会服务的社会背景和重要前提。

5. 时间系统

时间系统指的是人类生活中的时间维度，强调个体的变化或者发展，生态环境的任何变化都影响着个体发展的方向。例如，青春期的认知和生理变化可能会使听障青少年与父母的冲突增加，在这一阶段，同伴的影响和自我认同越来越重要。此外，时间系统还涉及听障青少年所处的家庭、学校和社区支持系统，这些支持系统也会随时间而变化。

听障青少年心理健康社会服务模式的构建以生态系统理论为框架，听障青少年的心理健康发展不仅分别与家庭、学校、同伴群体以及社区环境有关，也需要家校社的合作与支持。父母的职业情况、国家有关残疾人健康促进的法规、政策，以及残联、卫健委等社会机构和部门构成了听障青少年发展的外系统和宏系统，这些系统之间相互嵌套、相互联系。为了更好地促进听障青少年的身心健康，需要充分考虑各系统及其之间的关系机制，探索相互助益的可持续发展模式。

（二）人本主义理论

人本主义强调以人为本，重视个体的价值、需要和尊严，认为每个人都是独特而有价值的，应该在社会中受到平等的对待（梅萍，2023）。从人本主义的视角来构建以听障青少年心理健康发展为核心的心理健康社会服务模式，充分尊重其独特性和需求。

首先，人本主义理论强调尊重个体的尊严和价值（王萍，张梦玮，2023）。听障青少年在社会生活中面临一系列挑战，如沟通的障碍、社交融入困难，以及社会排斥与歧视等。人本主义理论主张每个人的独特性和内在价值，强调每个个体在社会中享有平等和被尊重的权利。在为听障青少年提供心理健康服务时，我们应该秉持人本主义的原则，尊重他们的自主权和个人选择，允许他们积极参与决策，并重视他们的不同需求。这有助于帮助听障青少年建立更强的自尊心和自信心，从而有助于改善他们的心理健康状况。

其次，人本主义理论还注重情感支持和人性关怀（张斌, 2021）。这种支持能够传递理解、关心和接纳的信息，有助于听障青少年建立内在的自信和自尊，同时帮助他们抵御外界的负面影响。因此，在为听障青少年提供心理健康服务时，我们要尽可能地为他们提供情感支持和关爱，还可以通过干预和团体辅导等活动，指导他们学会情绪调节和人际交往的方法，帮助他们应对情感方面的挑战。与此同时，来自家庭、学校和社区的理解和支持也至关重要。家庭成员可以为听障青少年提供温暖和鼓励，激励他们充分发挥自身潜力，克服生活中的各种挑战。学校可以提供心理健康课程，帮助听障青少年获得适当的资源和支持，同时可以通过教育活动，减少同学们对听障青少年的歧视，提高他们对听障问题的理解。社区参与和支持同样有助于建立一个支持性的社会环境。例如，社区可以为听障青少年提供相应的听力辅助设备、相关福利支持，以及组织社区活动，帮助他们与同龄人建立联系。因此，情感支持和关怀，特别是来自不同层面的支持系统，对于听障青少年的心理健康具有重要意义。

此外，人本主义理论还强调社会公平和机会平等（廖卢琴, 2021）。听障青少年应该享有与其他青少年相同的教育和就业机会，而不应因听力障碍受到不平等的对待。为了实现这一目标，政府和教育机构可以采取积极措施，如制定包容性政策、提供适当的资源和支持措施，以确保听障青少年能够平等参与教育、获得相应职位。这种努力有助于消除不公平待遇，促进他们的心理健康和社会融合，同时推动社会迈向更加包容和平等的方向。

将人本主义理论融入听障青少年的心理健康服务，有助于建立更具人性化的听障青少年心理健康服务体系，从而促进听障青少年的心理健康和全面发展。这一理论为创造更加包容和尊重的社会提供了有力的理论基础，通过提供情感支持、平等的教育和就业机会，帮助听障青少年有勇气应对挑战，实现全面的个体成长和幸福。

（三）发展资源模型

发展资源模型（Developmental Assets Frame）最初由本森（Benson, 1990）提出，发展资源主要是指能够促进青少年获得健康发展结果的相关经验、关系、技能和价值观（常淑敏, 张文新, 2013）。该理论关注所有青少年的积极发展，既考虑到了社会环境提供的支持和机会等资源对于青少年发展的作用，也强调了青少年自身的天赋、优势和能力的重要性，认为这两方面的相互作用构成了青少年健康发展的基础。这一理论可以为理解听障青少年的心理健康和积极发展提供重要视角。

发展资源模型将发展资源分为外部资源和内部资源两个主要方面。外部资源指的是能够促进青少年健康发展的环境特征，也被称为生态资源（Benson, 2002）。对于听障青少年而言，国家支持性的法规和政策，家庭、社区、学校、同伴等各方面的接纳和帮扶等均是重要的生态资源，这些资源越多，支持力度越大，个体积极健康发展的可能性就越高。另外，授权和鼓励听障青少年参与社区活动，感受到自身的价值和他人的重视，也会相应地提高他们的自我接纳水平和自信心。内部资源则指青少年个人具备的价值观、技能和胜任特征等。这些内在要素引导和支持他们的行为（Benson, 2002），包括投入学习、积极价值观、社会能力和自我肯定4个方面（常淑敏, 张文新, 2013）。积极的学习态度和自我信念有助于听障青少年充分发掘学习潜力，积极价值观有助于听障青少年内化和遵守社会规则，更好地适应和融入社会，自我接纳和肯定是听障青少年最持续有力的发展动力。我们不仅要优化外部资源，也要引导听障青少年发展和整合内外部资源，自觉自发地匹配优势资源，积极主动发展。

二 目标

（一）总目标

在健康中国战略背景下探讨和构建听障青少年心理健康社会服务模式，并在一定范围内付诸实施和进行效果评估，这是对国家发展策略的响应和落实，是个体健康和可持续发展的需求，也是家庭和谐及社会稳定发展的基础和保障之一。

（二）具体目标

在健康中国战略指导下，基于听障青少年身心发展的特点和需求，构建具有系统性、综合性和程序化特点的听障青少年心理健康社会服务的多主体协作模式，全面提升听障青少年的心理健康水平，促进其社会适应和社会融入，亦有益于其家庭幸福和社会安定；同时也希望有助于推动相关机构和社会团体建立、健全残疾人心理服务机制，促进健康中国战略在特殊群体的实施。关于构建听障青少年心理健康社会服务模式的目标具体表现在以下几个方面。

1. 实现对听障青少年心理健康的科学评估

全面评估听障青少年的心理健康及社会服务的作用，既是构建心理健康社会服务模式的依据，也有助于确定服务效果的评估指标。已有研究或孤立地考察听障青少年心理社会适应的某一方面，或缺少对社会服务效果的追踪评估，这在某种程度上均不利于构建促进听障青少年心理健康的社会服务模式。这里希望通过多维的评估指标对社会服务效果进行追踪评估，实现对听障青少年心理健康的科学评估。

2. 将理论研究与干预研究相结合

听障青少年在接收信息、言语表达等方面的受限，使得针对他们的心理健康服务实施起来难度很大。这也是已有关于听障青少年心理服务模式理论探讨多于干预的客观原因之一。但无论是缺乏理论指导的心理服务抑或是缺少实务检验的理论研究，都不能为听障青少年带来实质性的福祉和健康改善。这里希望基于理论综述和实证研究提出听障青少年心理健康社会服务模式的构建，通过心理干预实践来检验，再予以修改完善并推广应用，实现理论与干预的相互增进。

3. 构建系统性、综合性和程序化的多主体协作模式

已有研究重视家庭、社区、学校在听障青少年心理健康促进中的分工协作，亦尝试多种心理辅导和教育方法的结合。但在执行主体协作的系统性、方法的综合性和实施过程的程序化上明显不足，无法持续助力听障青少年心理健康发展。

首先，要构建具有系统性的多主体协作模式，将政府职能部门、社会、高校、特殊教育学校、社区、家庭等各具功能的主体相结合，构成协作联动的整体。

其次，要构建具有综合性服务内容和方法的心理健康服务模式，将线上服务和线下服务相结合，个体辅导和团体辅导相结合，学校心理健康教育、社工服务和家庭治疗相结合，行为塑造与认知改变相结合，视图和操作及其他非言语形式相结合，健康促进与问题干预相结合等。

最后，程序化是指该模式具有明确的和结构化的实施程序。第一步是听障学生心理健康和心理服务现状的评估；第二步拟订服务方案和进行专业人员培训；第三步，基于职能部门的政策支持和组织协调，由高校提供学术支持，在学校、家庭、社区3个领域开展健康促进与问题干预；第四步是实施效果评估。根据质性和量化评估的结果进行修改和完善。

三 主体及其功能

听障青少年心理健康社会服务的多主体协作模式是一个多方主体共同参与的多层次系统，是一个由多部门、机构和个人组成的整体，其中主要包括职能部门、高校及科研院所、特殊教育学校、社区、家庭5个主体，核心目标是促进听障青少年心理健康发展。构建和实施这一多主体协作模式要注意统筹规

划，既要突出和充分发挥各主体的主要职能，也要推动多主体之间的良性互动、协同配合、优势互补和增强。如图5-1所示，分别详细介绍听障青少年心理健康社会服务多主体协作模式中的各个主体名称、职能或工作内容。

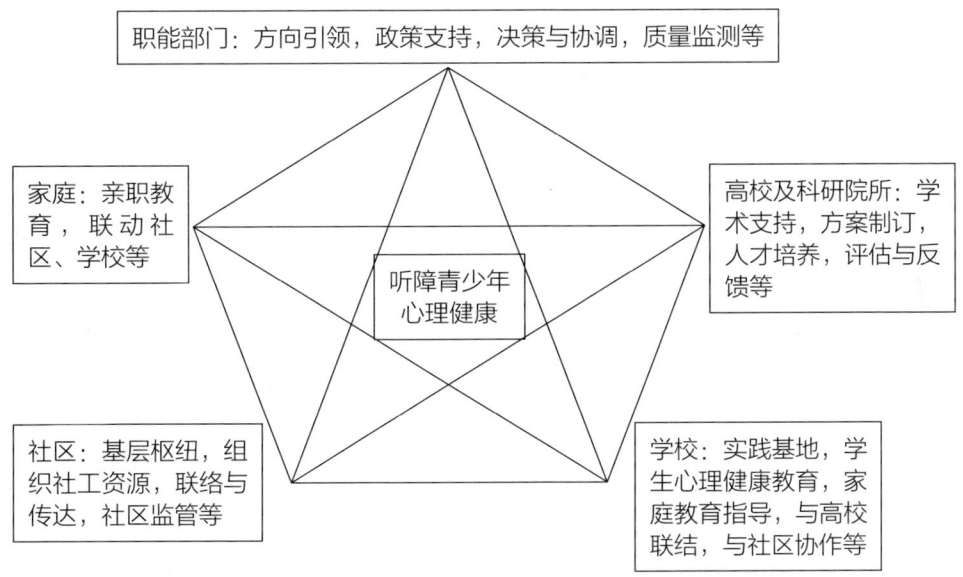

图5-1 听障青少年心理健康社会服务的多主体协作模式图

（一）职能部门的政策引领与支持

与听障青少年心理健康服务有关的职能部门主要包括参与制定和颁布有关残疾人法规、政策和各类计划等的部门，以及执行和实施上述决定的部门，包括民政、教育、卫生健康、残联等相关部门。职能部门是听障青少年心理健康社会服务模式的重要主体之一，具有方向引导作用，提供法规政策上的指导和支持，进行总体决策和组织资源协调，并对服务的过程和质量进行评估和监测。在当前健康中国的战略背景下，各级政府及相关组织认真贯彻和落实与听障青少年健康福祉息息相关的法规和政策，全方位实施和推进听障青少年心理健康的理念，为探索有效的心理健康社会服务模式、优化组织管理、提供多方资源等方面提供指导（周颖, 2021）。

1. 统筹制定政策方案，维护听障青少年权益

职能部门可以依据相关文件的指导内容和法律法规，提供政策保障和制定工作方案，保障听障青少年心理健康服务的合法合规，也使社会服务的过程和效果得到规范化指导。此外，残联也在维护听障青少年的权益和社会融合方面发挥着重要作用。各级残联可以协助听障青少年获取必要的资源和信息，以使听障青少年能够充分参与社会生活并享受平等的权益；还可以通过组织文化、体育及其他社团活动，帮助听障青少年融入社会并建立自信。宏观制度建设和保障为听障青少年构建了一个平等、包容和支持的社会大环境。

2. 制定特殊教育政策，协调和保障特殊教育资源

教育主管部门推行和实施全纳教育和融合教育理念，制定特殊教育政策措施，保障听障青少年受教育的权利和发展机会。这些举措包括特殊教育师资培训，各普通中小学为随班就读的包括听障在内的残疾学生配备资源教师和设置资源教室，提供适应性强的教育方案、个性化学习计划和课后服务等，以满足听障青少年的心理健康发展的需求。师资培训中不仅包括师德师风培训、心理健康教育相关专业知识技能和伦理培训，还包括培训资源教师使之熟悉听力辅助设备及其他相关设施的使用等。组织协调教育资源，满足听障青少年受教育和身心健康发展的需求。

3. 完善公共服务设施，提供多方资源支持

在公共服务设施方面，职能部门可以明确公共服务的标准，完善公共服务设施（陆信贺, 2022），如设立社交互动场所、心理咨询服务中心和听力辅助设备中心等，为听障青少年提供无障碍环境。在技术保障方面，职能部门可以联合科研院所及医疗康复部门定期进行听障青少年心理健康测量，通过制订针对性的评估方案和标准化的评估系统，对其心理健康发展的积极资源及风险因素进行评估。这一方面有利于全面了解听障青少年的心理需求和发展情况，另一方面也有利于进一步完善和调整心理健康服务措施。在医疗保障方面，职能部门应考虑听障青少年心理健康服务的医疗需求，将心理健康服务范畴内的医疗费用纳入医疗保障体系，以确保他们能够获取负担得起的医疗支持。在资金和人才保障方面，职能部门需要积极推动心理健康服务领域的研究和实践，为此可以调动资金和专业人才，培养心理健康服务专业队伍，提高心理健康服务的整体水平（李志强，2021），以推动听障青少年心理健康服务模式的发展。同时，社会单位或组织也应鼓励资助听障青少年的心理健康服务工作，为从事这一领域的社会工作者提供福利待遇、培训等全方面的支持，以确保他们能够持续提供优质的服务。此外，卫生健康部门拥有权威的和专业的心理健康资源（马宁，2022），通过专业化的心理健康服务以更多地解决听障青少年的心理健康问题。这些综合措施将协同作用，以更好地支持听障青少年的心理健康需求。

4. 优化组织管理，凝聚工作合力

职能部门在优化整合各方资源后，要确保各个部门及组织落实参与建设听障青少年心理健康社会服务模式，并进一步规范和完善现有的监督和评估制度，以监督和评估推行听障青少年心理健康社会服务模式的工作情况。

（二）高校及科研院所的学术引导与专业支持

《健康中国行动——儿童青少年心理健康行动方案（2019—2022年）》指出，儿童青少年心理健康工作是健康中国建设的重要内容，各级卫生健康、教育等部门要依托精神卫生医疗机构、学校、科研院所等开展儿童青少年心理健康的相关基础研究和应用研究，特别要关爱贫困、留守、残疾等处境不利的学生。高校及科研院所是知识和科研的主阵地，也是培养专业人才的基地（曲一璠，张虎，2016），特别是特殊教育领域、心理学研究与咨询专业领域的教学与研究，更是心理健康社会服务中提供学术支持和输送专业人才的关键一环，发挥着不可替代的引领和支持作用。

1. 提供学术支持，推动听障青少年心理健康社会服务专业化

高校积极支持并响应政府号召，开展一系列针对听障青少年心理健康社会服务模式的理论研究和实证研究，形成科研指导实践，实践拓展科研的循环模式。高校联合特殊教育学校或残疾人社会组织制订针对性和适用性更强的心理健康测试，结合测试研究拓展心理健康服务相关理论，探索适合听障青少年的循证干预模式。

2. 输送专业人才，建设专业人才队伍和提高专业胜任力

首先，鼓励高校建立专家系统，利用专家资源有效地解决各个主体在运行听障青少年心理健康社会服务模式中遇到的专业问题，并鼓励有专业背景的学生或教师接受培训并服务于听障青少年心理健康社会服务模式，帮扶学校、社区及家庭更高效地投入听障青少年心理健康社会服务模式中。其次，听障青少年心理健康社会服务模式也要借助高校以及科研机构的力量，不断拓展专业化的心理人才培育途径，加强专业化的听障青少年心理健康社会服务模式建设。

3. 评估模式效果，及时反馈问题

在推行听障青少年心理健康社会服务的多主体协作模式后，高校通过及时收集质性评价与量化评估的结果，建立真实有效的评估系统，提供专业化的评估方案与结果，建立定期回访体系，并及时反馈运行过程中的问题与建议，为职能部门制定和完善政策措施、优化服务质量提供参照和工作建议。

（三）特殊教育学校的实践与示范

各级各类特殊教育学校既是推行听障青少年心理健康社会服务多主体协作模式的主阵地，也是实施心理健康社会服务的先行示范区。特殊教育学校要配备专兼职心理教师，为在校听障学生提供心理健康教育课程、个别与团体辅导和咨询，也要设立家庭教育服务站，为家长提供家庭教育指导，同时也配合学校所在社区做好相应的工作。

1. 制订个性化学习计划

个性化学习计划或个体学习计划（Individual Learning Plan, ILP）强调根据学生的身心发展特点、需求来设立更具适应性的具体学习计划，广泛应用于融合教育及随班就读的实践中（Hamilton，2009）。学校根据听障青少年个体的发展需求制订个性化的教育计划，提供适当的教育资源、辅助工具和技术，如文字化的教材、图像辅助工具、手语翻译和语音转文字技术等，以确保听障学生能够参与学校课程。个性化教育计划的制订和调整确保了听障青少年在学习过程中的不断发展和成长，同时增强了他们的自尊和自信，培养了他们的独立性和自主性，有利于创造一个包容和多元化的学校环境。

2. 提供专业的教育师资

特殊教育学校需要特殊教育专业的师资从事教学和管理，他们不仅具备所教授学科的专业知识，也要具备服务特殊学生的组织教学和管理能力，还需定期接受有关听障青少年身心发展特点的培训（卢祖琴，2023），以便能够更好地理解听障青少年的学习需求，提供必要的支持和指导，以协助他们充分参与学校的各种教育活动，确保他们能够获得平等的教育机会。特殊教育学校不仅需要学科专业教学和管理上的师资，还要配备专兼职心理教师，他们在具有心理健康教育教学、心理辅导与咨询的专业能力的同时，还要学习通过手语及其他方式与听障青少年进行沟通。师资是保障学生健康发展的关键因素，也是维持学校各项活动顺利开展的重要支持力量。

3. 多途径实施心理健康教育

同普通学校实施心理健康教育的途径类似，特殊教育学校心理健康教育的实施途径主要包括心理健康教育课、团体心理辅导、个体心理辅导和咨询、在其他学科中渗透心理健康教育，以及将心理健康教育融入日常活动中。鉴于听障青少年身心发展的特殊性，尤其要突出活动性、体验性和参与性，结合他们的特点和需求，帮助他们学会自我认识和自我接纳、掌握情绪管理策略和基本的社会交往技能，以及应对学业压力或社交压力。这些技巧和知识不仅对听障青少年在学校中的表现有积极影响，还对他们未来的生活和职业发展至关重要。

（四）社区的联结、组织、协调作用

社区是听障青少年日常生活的主要参与地（张悦，2020），也是便于调动家庭资源和服务家庭的主体，在听障青少年心理健康社会服务中具有重要的联结、组织和协调作用。

1. 提供心理健康服务及社交平台

一方面，社区可依托职能部门、高校等机构，建立线上心理服务平台，通过心理健康知识宣传、心理咨询与辅导等模块，以满足听障青少年及其家庭的心理需求。另一方面，社区还致力于提供线下社交平台，通过社交和社区活动，为听障青少年及其家庭创造参与和融入社区、拓展人际交往范围的机会。实践也发现，参与社区活动有助于听障青少年扩大社交圈子，克服社交焦虑，获得积极的社交体验和建立友谊（李雯婷，杨庆龄，刘晓峰等，2022）。社区的社交平台是一个包容和支持性的环境，可帮助听障青少年建立更多人际关系，培养积极情感，从而更好地适应社会生活。

2. 心理健康知识的科普与推广

社区可以邀请科研院所及卫生健康部门的专业人员、特殊教育学校的教师到社区举行心理健康讲座，举办灵活多样的、易于社区居民接受的心理科普和体验活动；定期组织社区工作人员参加心理服务技能学习和培训，帮助社区人员做好基层教育宣传工作；社区鼓励和接收具有专业背景（如教育学、心理学、社会工作等）的大学生到社区实习和实践，本着就近原则为听障青少年提供心理健康服务；社区招募或聘请专业人员对社区内的听障青少年及其家庭进行有针对性的支持和帮助，必要时提供心理转介服务和医疗救助。

3. 提高心理健康社会服务经费投入，注入社会力量

社区在提供资金支持方面可以发挥关键作用，确保听障青少年心理健康社会服务得到充分支持。在经费投入方面，张瑞凯、戴军、李红武（2010）发现大部分社区存在心理健康投入相对较低的情况，社区针对听障青少年心理健康社会服务没有专门的资金支持，就会使得社区不能有效开展听障青少年心理健康社会服务工作。首先，社区应增加对听障青少年心理健康社会服务的经费投入，以确保服务模式能够充分运转。此外，社区还可以促进不同社会组织和机构之间的合作，吸引他们为听障青少年提供资金支持，共同为心理健康服务努力。这种社会资源的整合有助于为听障青少年提供更多支持，确保他们得到所需的心理健康关怀。

4. 为听障困境家庭提供"喘息"服务

包括听障在内的残疾人家庭往往面临经济、子女照料、工作、人际等各种压力，父母因此会产生自责、迁怒、社交退缩、自卑等心理或行为，有些家庭会出现依赖救助和推诿责任的行为，也有些家庭会出现拒绝帮助和回避社交的行为。社区要通过随访等了解具体情况，既提供必要的帮助，也鼓励家庭自立自强。对于压力过大的困境家庭，可组织社会力量或社工为家庭提供家庭事务、购买、子女照料等方面的"喘息"服务，即让困境中的父母有喘息的机会，能够适当地修养身心。

另外，社区也可以充分组织社区居民之间的互助协作，发现和运用本社区的人力、物力等优势资源。社区也是联系学校、职能部门的枢纽，起着外引内联、上传下达的作用。社区在心理健康服务中的作用仍有待于发掘和进一步落到实处，这也给社区工作带来较大的机遇和挑战。

（五）家庭是重要的支持系统

家庭是听障青少年最直接和持久的重要支持系统，家人的理解、接纳、物质和精神支持是听障青少年主观幸福感的来源和动力，家庭教育也是听障青少年成长过程中的源头教育（周颖，2021），是听障青少年心理健康社会服务模式中不可或缺的一环。

1. 关怀和帮助听障青少年

家庭成员在关心和支持听障青少年的心理健康方面扮演着关键角色。首先，他们可以积极与听障青少年进行沟通，了解他们的心理状况，鼓励他们坦诚地表达内心感受。这种开放的沟通渠道有助于家庭成员与听障青少年之间建立亲密关系，减少听障青少年的焦虑和孤立感，进而有益于他们的心理健康。其次，家庭成员通过在日常生活中为听障青少年提供温暖、理解和鼓励，推动他们参与家庭活动，可以帮助他们建立自信和自尊，克服生活中的挫折和困难，提升心理健康水平。最后，如果听障青少年遇到严重的心理健康问题，家庭成员可以主动寻求专业心理健康支持，确保听障青少年能够获得适当的帮助。这些支持和关怀可以为听障青少年创造一个充满爱与理解的环境（刘艳玲，刘春，田妮等，2023），有助于他们更好地适应生活中的挑战。

2. 营造健康的家庭氛围

家庭成员可以在家庭中分享心理健康知识，充分了解听障青少年心理健康情况，且在听障青少年的心理健康发展中树立正确的教育观念，及时有效地与听障青少年沟通心理健康问题，以健康的家庭氛围来影响听障青少年。家庭成员积极主动提高对听障青少年心理健康社会服务模式的认知，有利于推行听障青少年心理健康社会服务模式的基础性工作，有助于提升听障青少年心理健康社会服务模式的效用。

3. 与学校、社区、其他家庭合作，提升教养技能

家长可以与学校、社区以及其他家庭建立合作关系，共同致力于提升听障青少年的心理健康；家长可以积极与特殊教育学校和当地社区建立有效的沟通渠道，参与学校和社区提供的心理咨询和心理健康教育知识培训（周颖，

2021），获取有关家庭心理健康教育的指导；家庭之间也可以互相支持，尝试建立家庭心理辅导互助小组，分享亲子教育和家庭心理健康教育的经验，共同应对听障青少年的心理挑战。这种多方合作和支持网络有助于家庭更好地帮助听障青少年处理心理健康问题。

综上，从系统视角来理解和阐释听障青少年心理健康社会服务多主体协作模式中各主体要素之间的相互关系。首先，从整体视角来看，听障青少年心理健康社会服务多主体协作模式的建构与运行需要5大主体协同配合，形成良性互动的关系，进而形成多层次、多维度的社会服务模式。其次，从服务模式的组成要素来看，听障青少年心理健康社会服务模式运行的各个方面都需要5大主体的参与和配合。在工作模式方面，政府职能部门基于国家发展规划、高校及科研院所的实践调研等制定心理健康社会服务的相关政策和方案，高校及科研院所根据政策要求探索更具适应性的心理健康服务模式，并提供学术和教育支持，家校社联动配合，落实相关政策，开展教育实践。高校及科研院所的专业人员也要深入学校、社区和家庭，实践听障青少年心理健康社会服务模式，在实践中发现问题，再提交政府职能部门对先前的政策和方案等进一步修改和完善。在方式方法上，学校心理健康教育、社工服务及家庭治疗相结合，同时契合相关政策以及高校方案。在人员分布及学科背景方面，既结合精神卫生领域专业人员和儿童青少年政策研究机构，又联手高校科研机构和特殊教育学校。再次，结合社会学、医学、教育学及心理学等专业学科背景，形成研究专业和学术背景互补的局面，这为高效全面地推进听障青少年心理健康社会服务模式的建设奠定坚实基础。这一模式因个体发展的不同阶段而有所侧重，心理健康社会服务是贯穿个体发展终生的，而非限于某一发展阶段。

第二节 多主体协作模式的原则和程序

听障青少年心理健康的社会服务多主体协作模式以健康中国战略决策为指南,以生态系统理论为框架,以听障青少年心理健康发展为核心目标,采用多元化主体协同作用、综合化的服务方法,旨在为听障青少年提供规范化、专业化的心理健康服务。

一、基本原则

在构建听障青少年心理健康社会服务多主体协作模式时,主要遵循以下基本原则。

(一)科学性原则

听障青少年心理健康社会服务多主体协作模式的构建首先要遵循科学性原则,即项目的实施要以国家政策为指南,以科学思想和理论为指导,以事实为依据。这也就是说,遵循科学性原则要从实际出发,尊重听障青少年心理健康状况的客观实际,根据我国当前社会经济、政治和文化发展的客观需要,正确反映听障青少年真实的心理需求。此外,还应合理地吸收、借鉴国内外关于残疾人心理健康社会服务模式构建的经验,与国内现行政策和听障青少年心理健康现状相结合,制订科学的干预方案。

(二)可行性原则

可行性原则也是客观性原则,即听障青少年心理健康社会服务多主体协作模式的构建要考虑方案的适应性、可行性和可操作性,在我国现阶段能否推行、能否满足听障青少年的心理需求、是否与现行的系列康复服务模式相兼容等，这是实施心理健康社会服务的重要前提。遵循这一原则，要做到技术可行性、组织可行性、时间和资源可行性。技术可行性主要从技术实施的角度出发，要求心理健康服务模式应设计合理的、适合于听障青少年心理需求的实施方案；组织可行性主要从计划组织及人员调配的角度出发，要求服务模式根据目标要制订合理的项目实施进度计划、选择合适的试点学校、选择经验丰富的干预人员等，保证项目顺利有效开展；时间和资源的可行性主要考虑个体发展的任务、相关专业人员的时间和工作安排等，合理配置时间和资源，在有效的时间内整合多方资源实行心理健康社会服务模式，进而改善其心理健康状况。

（三）公平性原则

听障青少年心理健康社会服务多主体协作模式的构建要遵循公平性原则。随着全球贫富差距的加大、种族主义的兴盛，人们更加向往公平，健康公平已经成为多国政府关注的重点（孙殿钦，2022）。根据健康公平的标准，心理健康服务的公平性要求，无论个体是何民族、性别、年龄、宗教信仰、性取向、有无疾病等，都可以根据其实际上存在的心理健康问题而得到与此相对应的心理治疗。也就是说，无论听障青少年的听力受损程度是重度或是轻度，导致听障青少年听力受损的原因是先天或是后天，听障青少年来自农村或是城市，都应该得到公平合理的心理健康服务。

（四）可评价性原则

心理健康社会服务多主体协作模式应该包含对听障青少年心理健康社会服务工作质量和效果的评估方式及评估指标，根据服务目标制订可以衡量和评估的量化或定性指标，量化指标可以是关于听障青少年心理健康问题改善、幸福感提升等方面，定性指标可以是关于方案实施的各个主体的访谈报告等，以便检验服务模式的效果，改进服务模式，优化服务模式的质量和效果，有利于进一步应用和推广服务模式，并以此作为指导听障青少年心理健康社会服务工作进一步顺利开展的参考。

（五）主体性和主动性原则

主体性原则是充分发挥听障青少年心理健康社会服务多主体协作模式中各主体的职能，主体间既能分工负责，也能有序合作，防止出现责任分散、相互推诿的低效现象。主动性原则是强调各主体能够基于听障青少年心理健康服务的需求，在上级主管部门的领导和授权下，因地制宜、集思广益，主动探索更适合本部门优势领域和专业的有益于听障青少年心理健康的工作方式，而不是被动等待安排。这样一来，可以提高各主体的优势资源利用率，实现主体间的优势互补。

（六）系统性原则

构建听障青少年心理健康社会服务多主体协作模式的系统性原则在于协同整合各社会机构资源，确保各机构的多元融合、全面支持。一方面，政府职能部门、科研院所、特殊教育学校、社区、就业单位、医疗、康复、保险、托养等各方机构必须紧密协作，信息共享，整合资源，建立紧密衔接的服务网络，更好地满足听障青少年的多元发展需求。另一方面，服务模式应涵盖他们整个生命周期，包括早期干预、教育、就业、养老等多个关键阶段的发展任务，形成一个持续、贯通的服务体系，确保听障青少年在每个生命阶段都能够得到及时、专业的支持。这一服务模式的全面、可持续的特点将为听障青少年提供更为有力的支持。

（七）发展性原则

听障青少年心理健康社会服务多主体协作模式的发展性原则涵盖个体和社会两个层面。在个体层面，服务模式应关注听障青少年不同发展阶段的需求变化，并随着其不同发展阶段进行调整。从早期干预、教育、就业到养老，服务内容需要与个体成长同步调整，以实现全生命周期的心理健康支持。在社会层面，服务模式也应与社会的发展紧密结合，随着社会政策措施的改进、经济文化的发展和社会保障体系的完善而不断地进行调整。这种以个体成长为导向，与社会发展同频共振的发展性原则，有助于构建更具适应性和可持续性的心理健康社会服务模式。

二、前期准备

（一）文献梳理：形成初步的研究框架和思路

在制订听障青少年心理健康社会服务多主体协作模式方案之前，我们对国内外关于听障青少年心理健康及其社会服务的相关文献进行了梳理，全面了解了听障青少年心理健康的现状、听障青少年对心理健康服务的需求，以及已有心理健康社会服务的开展情况等。具体包括：听障青少年听力致残的原因、患病率、已有关于听障青少年心理健康的研究、国内外关于听障等残疾青少年的相关法规政策以及社会服务进展情况等。基于已有的研究，对听障青少年心理健康进行操作定义，从自我认知、情绪、行为、学业及心理健康问题5个方面来综合理解心理健康。通过以上文献梳理，提出健康中国战略背景下开展听障青少年心理健康社会服务的必要性和可行性、理论意义和实践价值，初步构建听障青少年心理健康社会服务多主体协作模式的框架。

（二）实证研究：提供循证依据

本书第三、四章的实证研究部分采用问卷法，调研了7个地市8所特殊教育学校842名听障青少年，考察其自我认知、情绪、行为、学习、心理健康症状及家庭和同伴因素的影响作用，以了解听障青少年心理健康发展的现状，心理问题的检出率，以及个体因素、家庭因素、学校因素和同伴因素的影响。实证研究的结果为探索和制订听障青少年心理健康社会服务多主体协作模式方案提供了研究的事实依据。

（三）访谈研究：补充和拓展思路

主要对职能部门、康复中心、特殊教育学校、社区等听障儿童青少年工作的负责人和具体工作人员，以及家长和学生进行访谈，访谈总人数共计120余人。以了解访谈对象对听障青少年心理健康和相关社会服务的理解、需求，已有心理健康社会服务开展的情况、取得的成效、存在的困难和挑战、未来的计划和期待等。同时，也从中征集与本课题研究内容有关的建议。

1. 对残联相关负责人和工作人员的访谈

通过访谈了解到，在国家关于残疾人法规及政策的指引下，各省、市、区充分重视包括听障在内的残疾儿童青少年的身体康复和心理健康。其中，山东省残联、省卫健委共同制定的《山东省防聋治聋专项行动方案（2022—2025年）》中提到，重点任务是"开展防聋治聋宣传教育行动，开展防聋治聋早期预防干预行动，开展成年人和老龄人康复干预行动，提升防聋治聋服务能力，提升全社会听力无障碍服务水平"，并提供了相应的保障措施；《山东省残疾预防和残疾人康复条例》（2023）中第十八条、第十九条专门提到"县级以上人民政府卫生健康主管部门应当强化重点人群心理健康服务，组织开展心理危机干预和心理援助，加强对精神障碍的早期筛查、识别和治疗""各级各类学校应当对学生进行精神卫生知识教育，配备或者聘请心理健康教育教师、辅导人员，并可以设立心理健康辅导室，对学生进行心理健康教育。学前教育机构应当对幼儿开展符合其特点的心理健康教育"。由此可见，残疾人的心理健康逐渐成为社会关注的重点，各类职能部门也相继推出举措来促进残疾群体的心理健康，但仍存在落实不彻底、推进难的问题。

通过访谈和调研，我们发现开展针对特殊人群的心理健康社会服务模式存在一定的实际困难，主要表现在以下几个方面。

（1）民众没有充分意识到残疾人心理健康的重要性，对残疾人健康的关注还只是局限在身体康复方面。虽然康复服务中也包含心理康复，但那只是针对有心理问题的残疾人开展的，并未面向全体残疾人。

（2）咨询服务机构和专业人员不能满足心理健康服务的需求。杨竹洁和薛晶晶（2012）在对上海某社区残疾人的干预研究中提出，有心理咨询资质的医生远不能满足目前社区居民的需求。王哲敏和王颖（2013）提出在经济发达的城市的残疾人心理康复机构中，心理咨询师能力水平参差不齐，大多未经过正规训练，既能了解残疾人心理发展特点，又能进行手语交流的服务人员数量很少。

（3）服务资金不足。引入社区的心理咨询设备造价过高，无法短时间内进行大范围推广，且仪器的使用以及维护都需要政府资金支持。

（4）现有的残疾人社区心理服务项目单一。一般来说，志愿者到社区为残疾人提供的服务项目多为打扫卫生、聊天等，未考虑到残疾人的心理需求（李杰一，韩明友，2018）。目前社区内的相关健康服务，主要还是依托卫生室、卫生站建立，以康复治疗为主。听障青少年习惯于生活在容易沟通的"聋人世界"中，而不愿或怯于与周围的健听人进行沟通交往（赵惠，2012）。若服务内容单一，则无法吸引听障青少年或其家长，听障青少年很可能会拒绝参与或享受社区提供的心理健康服务。

2. 对康复中心和医院的访谈

通过对康复中心和医院有关听障儿童青少年的访谈发现，听障孩子和康复治疗师的数量比例大概为7∶1，听障孩子的年龄大多为2.5~6岁，康复时长从3个月到2年不等，具体看每个孩子的听障程度和接受程度，并且85%~90%的听障孩子在康复结束后可以去普通学校学习。

由于缺乏专业人员和咨询资源，康复中心和医院提供的心理健康服务极为有限。康复中心会在听障孩子康复训练的过程中，对有需要的家长进行情绪疏导，帮助家长接纳自己的孩子。儿童医院会有高校大学生定期带领听障孩子做活动（如每周一次），帮助听障孩子更好地与普通健听孩子交往；医院每月提供一次家长讲座，主要讲解听障孩子的身体发育、听力言语康复训练的知识和技术，以及配合医院帮助孩子完成每天的训练任务。

在针对听障青少年心理健康社会服务的建议方面，康复中心方面呼吁整个社会了解、认识听障群体，提高对他们的包容度，不要歧视也不要过度关注他们，保持平常心对待；儿童医院方面认为家长在这个过程中很重要，家长的参与程度、对孩子的接纳程度会影响孩子的康复效果和对康复的配合程度。很多家长对听障孩子接纳程度不高，会有病耻感，但也有些家长因为孩子的听力障碍而对孩子心存亏欠，从而表现出更多的溺爱，甚至是一些无效行为（比如，给耳蜗畸形的孩子做两个耳蜗等）。

3. 对家庭的访谈

通过家庭访谈了解听障青少年的家庭环境、兴趣爱好、听力障碍程度、发展的需求、父母在养育孩子过程的经验及遇到的问题等，以更好地探究听障青少年的心理健康教育问题，寻求解决方案。进行家长访谈时需要根据听障青少年及其家长的实际情况，制订访谈计划，明确访谈的目的、时间和具体内容，在访谈前，提前与家长沟通，了解他们的特殊需求和注意事项，并告知他们访谈的时间和一些准备要求。访谈内容聚焦于听障青少年的患病原因、父母养育压力和应对方式、父母的建议和期望等，访谈对象是3~20岁听障儿童青少年的父母。

（1）对低龄儿童家长的访谈

主要就儿童的患病原因、接受康复训练情况及入学意愿等进行访谈，接受访谈的家长约20人，听障儿童的年龄在3~8岁。

关于儿童的听力受损原因，经访谈了解，三分之二的听障儿童听力受损的原因是先天性的，在康复中心接受训练的时间1~3年不等，主要接受纠正发音、听说故事等课程训练。90%的家长表示孩子到了学龄便会送孩子去上学，希望孩子一边接受训练，一边正常上学。10%的家长担心孩子的安全问题，表示暂不打算送孩子上学。关于父母养育压力、应对方式及社交状态，父母认为与孩子交流不畅是他们最主要的压力来源，也有部分家长表示存在经济压力、家庭压力等问题。听障儿童的家长之间互相交流、谈心是他们缓解压力的主要方式，或者一起相约带着孩子去附近的动物园或游乐园放松身心。或许是出于"同病相怜"，同样的经历使他们之间有更多共同的话题，能互相理解，但同时也会使他们的社交范围更狭窄。关于家长的建议或期望，大部分家长呼吁社会各界提高对听障群体的接纳程度，如不要过度关注孩子佩戴助听器、不议论孩子"与众不同"的表情和行为等。家长们还希望助听器/耳蜗等听力设备的售价可以稍低一些。除此之外，他们希望老师可以做好对孩子的保护，使其避免受到更多的伤害等。

（2）对特殊教育学校青少年家长的访谈

接受访谈家长约10人，听障青少年的年龄在10~20岁。多数家长反馈孩子的听障是因为遗传（如家族遗传或基因突变）、先天性神经受损或神经连接不良、母亲孕期发烧或服用药物、孩子后天发烧或遭到重物碰撞导致颅腔重度积水等。在压力方面，多数家长认为，在孩子确诊前期，教孩子发音要付出很多的精力，而且在心理上接受孩子现状的过程十分漫长；除此之外，有部分家长觉得没有掌握手语，不能很好地与孩子沟通，近一半的家长表示存在经济压力和身心压力。在缓解压力的方式上，大部分家长表示会带孩子进行户外活动，与孩子一起强身健体的同时还能和孩子拉近距离。在社交状态上，家长偶尔会参加一些社交活动，和亲朋好友进行沟通交流。少部分家长表示和亲戚朋友相处较少，没有什么社会支持，感觉受到歧视。

关于家长的建议或期望，大部分家长希望社会可以提高对听障群体的接纳程度，减轻或消除听障孩子的偏见，并给听障孩子提供更多与外界交流、接触的机会；政府可以出台相关政策为听障人士提供更多的便利和优惠，如出行的车票和机票等；学校可以加强对听障群体的职业技能培训；社区可以加强对听障相关政策的宣传，使得相关政策惠及每一个听障家庭。

从访谈中可以发现，听障儿童和青少年的年龄不同，发展需求不同，父母的压力、期望等也因此有所差异。但共同的是，父母普遍感受到较大的教养压力、亲子沟通压力、经济压力和社交压力，并存在自我污名化，希望社会能够接受和包容听障人士，减少歧视和偏见。因此，听障儿童青少年心理健康社会服务要充分考虑到家庭的现状和期望。

4. 对职能部门及社区的访谈

对民政、卫生健康等职能部门及社区的访谈发现，为包括听障在内的残疾人提供心理社会服务的意识增强了，但服务的专业性和规范性仍需要提高，服务的质和量都需要提高，以满足残疾人心理健康发展的需求。残疾人心理健康方面的工作涉及多个职能部门，各部门分工职责明确，但各部门需要进一步建立实质性的联系和协作。例如，残联的工作主要针对的是各类残疾人救助、发放辅助器具、康复训练、维护残疾人健康权益等方面；卫健委涉及医疗康复和心理康复，但主要是针对医疗康复和身体康复；社区所开展的心理健康方面的工作更多的是面向全体居民，不单独区分听障群体或者其他特殊群体。由此可见，以往残疾人服务体系中，更多的是强调康复服务、就业促进服务、均衡教育服务、扶贫救助服务、权益保障服务和文化体育服务等6项服务体系，忽视了对这一特殊群体的心理服务。虽然在医疗体系中，医疗模式是心理健康服务体系的一个组成部分，但代替不了心理服务的功能（叶发钦，2010）。残疾人心理健康服务体系的建设是提升残疾人心理健康水平的重要途径和手段，是全民健康的重要组成部分。

三 制订方案

在文献研究、实证研究和访谈的基础上，我们参考了相关领域专家的意见，制订了听障青少年心理健康社会服务多主体协作模式的方案。基于实证研究中对听障青少年心理健康状况的初步评估结果，方案选取学校、家庭和社区3个重要基地作为听障青少年心理健康服务试点，采用综合性的服务方法。在服务方式上，采用心理健康科普教育和心理辅导相结合，个体辅导/咨询和团体辅导相结合，线上自助服务与线下服务相结合的方式等；在服务内容上，学校心理健康教育、家庭教育指导、家庭辅导与治疗、社工服务、日常宣教、康复训练相结合，行为矫正和认知改变相结合，积极取向的"扬长"教育与问题干预相结合等。以下将分别从学校、家庭和社区这3种服务模式来系统地介绍方案的内容。

（一）学校服务模式

学校服务模式的实施主体为特殊教育学校，此模式的服务对象包括特殊教育学校在校听障青少年、教师和家长。服务内容和形式主要包括：

1. 心理健康课程

本着"如无则建，如有则优"的原则，为特殊教育学校建立或优化完善心理健康教育课程体系。通过课程体系建设可以培养和培训专兼职的心理健康教师，也可以提升班主任和任课教师的心理健康教育意识。突出课程的生活化、活动性、积极取向以及听障适应性等,向听障青少年传授基本的心理健康知识,帮助他们了解和应对常见的心理健康问题,以及提供自我调节的方法和技巧等,重视学生在校园生活中的积极发展。

2. 心理辅导与咨询

鼓励心理健康教师运用心理咨询的专业知识,为存在心理困扰的学生提供针对性的辅导与咨询。除了个别咨询外,也可根据听障青少年目前的困扰设计团体辅导,通过引导与互动的方式,改善团体成员的问题。

3. 危机预防与干预

鼓励特殊教育学校定期开展心理健康问题筛查,及时跟踪学生的心理健康状况,建立学生心理档案,及时记录筛查结果。密切关注有潜在风险的学生,必要时采取适当的干预措施。

4. 教师的培训与支持

为特殊教育学校专兼职心理健康教师、班主任及相关教辅人员提供专业理论与技术培训,必要时联合医疗机构,以便为听障青少年搭建更便捷的心理咨询及转介渠道。此外,学校还需关注教师的心理健康和职业生涯发展状况,并提供必要的专业支持和关怀服务。

5. 家庭教育指导

在学校设立家庭教育指导服务站,由教师或校外专业人员为家长提供定期的家庭教育指导,讲解心理健康教育知识、听障青少年身心发展知识,以及有关康复、专业、就业以及健康保险等知识。此外,学校可与高校及科研院所合作开设线上或线下家长课堂,提供咨询服务,为家长答疑解惑。

(二)家庭服务模式

服务对象包括听障青少年及其家长。服务内容和形式主要包括:

1. 家长自我关怀

长期照料听障青少年可能对家长的身心健康产生影响，家长可能由此产生经济压力、健康压力、子女教养压力、工作压力等。可从3个方面帮助家庭获得心理健康服务：一是家校合作或学校提供的家庭教育指导；二是社区为家庭提供的心理健康服务；三是社会机构的低偿或志愿服务。主要是关照家长的身心健康首先要评估听障青少年家庭功能及父母压力，为家庭提供心理情感上的关怀和专业上的支持，并提供相应的应对策略；鼓励家长充分发挥自身优势，充分利用身边的资源和支持积极解决问题；提醒家长关注自己的身心健康状况，合理设置喘息时间。

2. 给予听障青少年关怀和支持

首先是对听障青少年日常生活的支持，尽可能提供安全、无障碍的生活环境，定期检查和维护听障青少年佩戴的助听设备，确保其正常使用。其次，为听障青少年提供线上或线下的心理支持，以帮助其必要时能够寻求专业帮助。

3. 家校社的合作

帮助听障家庭与学校和社区以便捷的方式（如微信群）建立联系，积极获取学校提供的听障青少年的教育资源等信息以及社区提供的就业、资助等信息。定期召开联合会议，共同分享信息和解决问题，提高信息利用效率，更好地服务于听障青少年。

（三）社区服务模式

社区服务模式的实施主体为听障青少年所在社区，服务对象包括听障青少年、家长和社区工作人员。服务内容和形式主要包括：

1. 提供"喘息"服务

喘息服务是针对长期照顾残障人士的家长提供的一项救济性公共服务，旨在为其创造短期休憩和身心舒缓的机会（蔡英辉，蔡燕，2023）。在社区内，通过开展专家讲座、文体活动，以及构建开放性社区交流平台，有助于家长在专业指导下更深入地了解听障青少年的需求，帮助家长更好地发现问题、寻找解决策略，并为他们提供宣泄和放松的空间，缓解潜在的心理压力。同时，社区可与各方社会机构积极合作，例如，通过在社会或高校开展专业人员招募，协助家庭获取个性化的教育资源。这不仅有助于满足听障青少年的日常学习需求，还可以通过促进"扬长"教育的发展，充分发掘和发挥听障青少年的独特才能。

2. 获取福利资源

社区与相关社会机构合作，提供针对听障青少年的听力康复服务，包括定期听力检查、治疗及提供康复设备等。社区向听障家庭提供就业的福利政策信息，提供相关的择业、就业知识普及，帮助听障青少年更好地适应社会。社区提供完备的医疗服务，为听障青少年及其家庭减轻就医的不便，提供相应的医疗支持与保障。

3. 培训社区工作人员，组织社区活动

社区引进专业人才，并组织专业培训，提升社区工作人员的综合素质，更有针对性地了解听障家庭的情况与需要（陈敏，2017），以便提供更有针对性的服务。定期组织社区活动，调动社区成员的兴趣，使其与社区联系更加紧密，配合社区工作。

4. 搭建社区服务联动平台

鼓励社区搭建对接听障家庭需求、集合服务资源的平台，更好地联结听障家庭与外部资源，发挥社区联结内外的枢纽作用（沈秋欢，2021）。营造减少歧视、接纳和尊重差异性的社区文化环境，因地制宜，创设无障碍的社区环境。

(四)培训实施方案的服务人员

服务方案制订完成后,在实施方案之前需要对所有参与实践的人员进行培训。培训的主要内容包括:专业知识培训、沟通技巧培训、团队合作与协调培训、伦理培训。专业知识培训由具备特殊教育学和心理学知识的专业人员负责,内容是有关听力障碍和听障青少年心理健康的基础知识,帮助服务人员熟悉专业知识及实施方案;沟通技巧培训主要是帮助服务人员有效地与听障青少年进行沟通,包括使用手语、文字或辅助工具等;团队合作与协调培训是帮助服务人员了解团队成员和各主体的角色和责任,便于服务人员提供综合性的服务与支持;伦理培训是帮助参与实践的人员熟悉心理研究与干预的伦理内容,遵守伦理规范,保障听障青少年福祉的最大化和不受伤害。

四 选取试点与评估方案

(一)选取试点

在特殊教育学校、听障青少年家庭以及社区,以试点形式实施相应的听障青少年心理健康社会服务方案,在实施过程中设立反馈渠道,鼓励各主体及相关参与者提供意见和建议,并根据有效反馈及时做出相应的调整和改进,待检验和修改完善后在其他地区推广使用该模式。

(二)效果评估

评估听障青少年心理健康社会服务多主体协作模式的效果是确保服务质量、有效性和适应性的重要环节。在评估听障青少年心理健康社会服务效果时,应综合考虑多种因素,确保评估的科学性和有效性。

在进行评估之前,首先需要制订评估方案,确定衡量服务效果的指标,包括评价服务方案的总体效果(例如,比较听障青少年在实施方案前后心理健康状况的变化）；合理设定评估的时间点（如在服务中期或末期）。其次，采用多主体多方法评估的方式。例如，观察、访谈、问卷调查等多种方法相结合，学生评估、教师评估、家长评估及咨询师评估等多主体评估。在评估的过程中，根据评估方案，选取合适的方法收集和存储评估资料。按照评估方法的不同，可将评估资料进行分类，如问卷、访谈记录等。

  在评估过程结束后，对评估资料的可靠性和完整性进行初步审核，注意资料的一致性问题，如出现矛盾信息时，应进行事后调查以确认真实信息，尽可能根据收集得到的信息补全不完整的资料，实在无法补全时需采用合适的方法舍弃资料。在数据处理上，运用科学的方式处理和分析评估数据，可以将不同时间点的数据进行比较，分析其中的变化和趋势，或与基线数据进行比较，以了解服务前后的变化。撰写评估报告，得出服务模式的评估结果与结论，详细说明服务的效果，并对结论做出相应的解释，对模式有效的经验继续推广，对不足之处分析原因，给出相应的修改建议，为后续改进完善服务模式提供参考。

第三节 可能存在的问题及应对策略

实施听障青少年心理健康社会服务多主体协作模式是一项多系统协作的工作,旨在提供全面且有效的支持,满足听障青少年的心理健康需求。然而,在这一实施过程中,可能会出现一系列问题。如果提前预想可能出现的问题,充分考虑其应对方式,就可能减少实施过程中真正出现的问题,确保服务的有效性。以下将探讨实施听障青少年心理健康社会服务多主体协作模式中可能会出现的问题,以及应对这些问题的策略。

一、数据收集中可能出现的问题及应对策略

(一)可能出现的问题

采用问卷法对听障青少年进行问卷调研时可能会遇到一些问题和挑战。首先,目前用于听障青少年的心理测量问卷极少,研究者大多采用适用于普通健听群体的测量工具来测量听障青少年,所以,许多研究工具信度偏低(曾丹英,2021),可能会出现听障青少年不能准确理解问卷内容,或者问卷项目不符合手语表达的语序的问题。其次,在数据收集过程中,可能会出现由于沟通不畅导致听障青少年不能很好地理解主试的要求,或者主试不能很好地向听障青少年进行恰当的解释说明的问题。再次,听障青少年在作答过程中可能会担心个人数据信息泄露,不愿意提供真实的信息。

（二）应对策略

1. 提高研究工具的可靠性和有效性

首先，优先选取适用于听障青少年这一特殊研究对象的研究工具，或者是已经针对听障青少年做出适当修订或在听障青少年群体中得到验证，被认为具有良好信效度的工具。其次，基于研究目标及听障青少年的发展阶段来选择研究工具，尽量使用简单、清晰、易懂的语言，避免使用复杂的句子和术语，避免使用有歧义或难以理解的词汇，并对研究工具进行结构效度和信度检验。再次，充分考虑问卷的题量和完成时间，避免使用的研究工具题目过长，选项过多，不易于手语翻译。最后，要在版权许可的前提下使用研究工具。

2. 提前培训主试

首先，培训相关的听力障碍知识，确保其深入了解听障青少年。其次，按照标准且严格的施测流程进行培训，做好测试前的准备工作。在正式测试前，提前练习，以确保主试能够有效地与听障青少年合作，有助于顺利有效地完成施测任务。主试能够有效协作和团队合作，包括与听障青少年的家庭、学校教职员和社区合作。例如，提前熟悉问卷内容，方便解答听障青少年的问题，掌握必要的沟通技巧等。再次，在测试过程中，尊重听障青少年的隐私和尊严，不询问不必要的个人问题，确保测试过程中尊重听障青少年的权利，对听障青少年的问题保持尊重和耐心的态度。

3. 进行预测试

预测试是保证正式测试过程顺利的重要前提。需要准备安静、无干扰的测试环境，以确保听障青少年能够集中注意力。在进行预测试之前，主试需要提前通知听障青少年及其家长或监护人以获取知情同意，提前向听障青少年说明预测试的内容和过程。在预测试的过程中，及时记录和收集问卷中理解困难的题目。测试完成后及时与手语老师、专业研究生和专家进行沟通，在不改变原问卷内容的前提下，对难以理解的问卷题目进行适当的解释，并据此制订问卷解释手册，以便于在正式测试的过程中，避免因不同主试解释不一致导致听障青少年理解问卷内容存在偏差。

4. 采取多种沟通方式

干预人员需要了解听障青少年的个体差异，包括听力水平、偏好的沟通方式。如果需要与听障青少年沟通，可以借助有手语经验的老师或志愿者，传达沟通内容，以确保听障青少年能够理解。此外，服务人员也可以考虑使用辅助设备，如笔记本电脑、平板电脑、手机等，以确保能够与听障青少年进行文字交流。在沟通结束后，及时获取听障青少年的反馈并确认其是否理解信息，确保双方能够有效地交流问题，以满足听障青少年的需求。

5. 保护数据隐私

对研究对象进行数据收集时应遵守相应的法律法规，仅收集研究团队所需的必要信息。在数据收集前，研究团队应强调数据的保密原则，以期得到真实的作答结果。在数据的收集过程中，也要对听障青少年的作答情况进行严格保密。在数据收集过程后，团队需采取适当的数据保护措施，如数据匿名化或数据加密，严格保护听障青少年的数据隐私。

6. 科学有效处理及分析数据

建议由具备数据处理和分析知识的专业人员进行数据处理与分析。根据测查目的，选取恰当的数据分析方法，统计听障青少年的心理健康数据，做出科学有效的评估，提供准确合理的评估报告与参考建议。

二 干预过程中可能出现的问题及应对策略

（一）可能出现的问题

首先，团体辅导的内容、表现形式能否契合听障青少年群体。在对听障青少年进行团体辅导和实验干预的过程中，最突出的问题是与听障青少年的沟通问题，需要确保在干预过程中能与听障青少年进行有效互动。其次，听障青少年可能存在听力和理解能力的差异，个别听障青少年可能在活动的过程中会出现不理解活动要求或内容的情况，导致其参与度不高，很难调动其积极性。再次，在实施团体辅导的过程中，干预人员是否具备充足的专业知识以及应对突发事件的能力，相关主体能否协调配合确保干预顺利完成。

（二）应对策略

1. 综合设计干预活动

在设计干预活动之前，团体辅导师应根据听障青少年作答的问卷情况，结合听障青少年的年龄特点，选取符合听障青少年兴趣的活动，以激发听障青少年的积极性。选择贴近听障青少年学习生活的主题进行活动设计，比如，情绪调节、人际交往、自我认知等主题内容，利用图片、字幕视频、操作演示等方式呈现团体辅导的内容，手语教师进行辅助解释，确保听障青少年能够理解并参与团体辅导活动。

2. 结合多种方式进行互动

团体辅导师应学习一些基本的手势和手语表达，以便与听障青少年进行基本的沟通。当与听障青少年面对面交流时，团体辅导师应尽量使用清晰、慢速和标准的话语，避免模糊发音和语速过快，也可以在交流过程中使用面部表情和肢体语言等，这些都有助于听障青少年通过嘴唇口型（注：辅导师说话时口型可适度夸张）、面部表情或肢体语言来理解干预人员所表达的意思，增加双方沟通过程中的情感交流。干预人员还可以借助可视化辅助工具，如使用图片、视频帮助传达抽象的概念。总之，干预人员需要灵活运用多种方式，考虑听障青少年的需求和能力，以确保沟通和互动的有效性。

3. 建立相互信任的关系

在干预活动初期，干预人员要与听障青少年建立积极、互信的关系，确保听障青少年能够感受到被理解和尊重。在活动的过程中，干预人员不断提供支持和鼓励，不断表现出对听障青少年的信心，强调他们的潜力和能力，鼓励他们积极参与活动，并提供积极的反馈和奖励，包括口头表扬、发放奖品等，以强化听障青少年的积极行为。在活动结束后及时发放反馈表，收集听障青少年的意见与建议，不断提升活动的实用性与趣味性。

4. 及时沟通，收集反馈意见

在活动前期或活动中期，定期安排时间与听障青少年、特教老师进行沟通，及时了解听障青少年的问题和需求，以及干预效果。提供多种反馈机会，包括书面反馈、在线反馈等，确保各主体方便提供反馈。定期评估干预进展，协调干预所需的人员，确保干预计划的目标能够顺利实现。根据合理的建议，及时改进干预活动。

5. 对辅导师进行知识和技能培训

心理辅导师要提前接受专业培训，内容包括特殊教育学、听力学、心理健康领域的知识，以及咨询和危机干预的技能等，也要进行心理伦理规范的培训，确保心理辅导师具有基本的专业胜任力，能够识别问题、制订解决方案和实施解决方案，以应对突发事件或特殊情况。同时干预人员要具备耐心和同理心，给予听障青少年足够的关怀和支持。

三 合作机制中可能出现的问题及应对策略

（一）可能出现的问题

根据服务模式的目标，此模式需要五大主体协同运作，以获得更佳的服务效果。但在主体联动的过程中，也会遇到一些问题和挑战。首先，不同主体之间可能具有不同的目标和工作方式，协调工作可能会变得复杂，沟通不够及时通畅，导致信息丢失和支持不到位等问题。其次，缺少专业型人才，工作人员专业化程度不高（吴菲，李筱菁，孙计领，2023），这可能会影响服务效果。再次，各主体内部也会存在一些具体问题，比如，家庭日常事务可能会影响家庭成员的积极性；家庭、学校、社区之间缺乏紧密的联系；合作流于形式或过于空泛；社区工作者可能缺乏专业知识，对听障青少年的服务可能不够专业，与其他主体之间联系不紧密。最后，主体之间协调运作的前提是需要信息共享，这可能会出现隐私泄露问题。

（二）应对策略

1. 形成工作联盟

咨询工作联盟强调心理咨询中咨询师和来访者要目标一致、任务一致、情感联结（朱旭，江光荣，2011）。借鉴这一概念，听障青少年心理健康社会服务的各主体在合作中也要目标一致、分工协作，有情感联结。各主体之间明确责任，做好分工，制订清晰的工作流程手册，确保主体之间信息互通，及时协调沟通存在的问题并解决问题，以确保协同工作的顺利进行。对各主体的工作和进度设立监测和评估机制，不断评估服务进展，追踪服务效果，以获得最佳协作和最高效率。灵活调整团队结构和分工，以适应不断变化的需求和情况。

2. 补充专业人才

利用社交媒体和在线职业平台来宣传招聘需求，招募能够深入了解听障青少年关于认知、情感和人际交往方面特点的专业人才，包括心理健康专家、社会工作者、志愿者等，并吸引具有相关经验和兴趣的专业人才，确保团队具备必要的知识和技能，以便其能够为听障青少年提供个性化的心理支持。与相关的医疗机构、专业组织和学术机构合作，以共享资源和专业人才。提供培训和发展机会，以提高现有人员的专业技能和知识，包括在职培训、研讨会和在线课程。提供职业发展机会，使专业人才能够在听障青少年心理健康服务领域获得长期的职业满足感。

3. 培训参与人员

在实施干预前，要对参与人员进行集中培训。参与人员要理解和遵守伦理规范，尊重和接纳听障青少年，了解听障青少年可能遭遇的心理健康问题；在沟通技能培训方面，参与人员要能够使用基础手语、口语、文字和辅助技术，确保他们能够与听障青少年有效交流；提供心理健康知识培训，使参与人员了解心理健康问题的诊断和治疗方法，以便提供适当的支持和指导；提供特殊需求培训，使参与人员了解听障青少年可能的特殊需求，如何面对焦虑、抑郁或社交隔离等，并了解识别和处理听障青少年行为问题的方法，包括危机干预技巧；培训和提高参与人员在团队中的合作意识，与其他专业人员、学校教育工作者和社区伙伴一起工作，以提供综合支持；提供定期的督导，以确保参与人员能够在专业范围内进行工作，并为参与人员提供人文关怀，减少其倦怠感和不良情绪，以避免在工作中迁怒他人或对听障青少年造成不公平的影响。

4. 合理分配资源

不同主体可能拥有的资源有限。制订资源清单，包括可利用的资金、人力、设施和技术资源，明确可用资源的类型和数量。根据资源清单，设定清晰的目标和优先事项，明确服务模式的主要目标，以便有效合理分配有限资源。制订资源分配计划，考虑听障青少年的特殊需求，明确哪些资源将分配到哪些项目和服务中，实现资源最大化利用，以满足听障青少年心理健康的多样化需求。例如，根据听障家庭日常生活或工作的安排，合理分配服务时间。寻求合作伙伴关系，与学校、医疗机构、社会服务机构和非营利组织合作，共享资源和协同提供服务。建立监测和评估机制，以跟踪资源的使用情况和服务的效果，根据监测结果及时进行分配资源的调整和改进。

5. 动员家庭成员积极参与

服务人员提供多样化的服务方式，包括通过电话、在线平台等提供远程支持，方便听障家庭获取服务，以调动家庭成员的积极性。服务人员可以提供补充资源，如果听障家庭在特定时间内无法参与服务，则考虑提供补充资源，如视频回放，以便听障家庭可以自由选择方便的时间接受服务。定期收集听障家庭服务情况的反馈，包括对服务方式和服务内容的反馈，根据反馈灵活调整和改进服务方案，并与听障家庭建立长期的合作伙伴关系，定期提供信息和资源，促使他们更积极地参与服务模式。动员家庭成员积极参与家校对接，建立明确的沟通渠道，提供多种联系方式，包括电话、视频会议、面谈等，确保学校工作人员可以直接与听障家庭联系，鼓励听障家庭与学校建立长期关系，相互信任，以保持家校合作关系的持续性。

6. 调动社区的灵活性

服务人员在社区内建立专业服务点，对社区工作人员进行专业知识的培训，使听障青少年及其家庭更容易接触到社区服务，以满足其需求。向听障家庭传递服务有关信息、提供资源，包括利用网站、宣传册等。鼓励社区提供家访服务，特别是针对有行动障碍、不方便前往服务点的听障青少年和家庭，确保服务真正及时有效。服务人员开设讲座，努力消除社区成员对听障家庭的歧视和偏见，以提高对听障家庭的认识和接受程度。服务人员定期评估社区心理健康社会服务的可及性，听取听障青少年及其家庭的反馈，并根据建议进行改进，确保服务不断适应需求。服务人员建立与社区合作伙伴的紧密关系，并鼓励其与外界，包括学校、医疗机构、社会服务机构等积极建立联系，可以共同提供有力的支持和资源，以满足听障青少年的心理健康需求。

7. 尊重隐私与保密

为了各主体能够提供全面综合的支持，涉及听障青少年及其家庭的信息可能会在主体之间流通。在共享信息之前，制订明确的信息共享协议，明确信息的使用目的、范围和期限，并且提前获得相关个人的知情同意。服务人员应该明确禁止未经授权的信息再分享，对共享信息进行匿名化或去标识化处理，以保护个人隐私，同时保留有关信息。只有经授权的人员才能访问信息，必须确保共享信息的合法性和安全性，保护听障青少年及其相关人员的隐私。确保信息的私密性以及服务的持续性，需要服务人员遵循相关的隐私法规，实施严格的隐私保护措施,包括加密数据,使用安全的存储和传输方式。但保密也存在例外,如听障青少年的信息可能存在伤害自身或他人的严重风险等。

在健康中国战略背景下,基于已有理论、社会服务经验及实证研究,构建和实施大健康观视角下多元融合的听障青少年心理健康社会服务模式,并对实施效果进行评估和反思,以探索能有效促进听障个体可持续健康发展的社会服务途径。

参考文献

[1] Bronfenbrenner, U. The ecology of cognitive development: Research models and fugitive findings. In R. H. Wozniak & K. W. Fischer（Eds.）, Development in context: Acting and thinking in specific environments[M]. New York: Psychology Press. 1993.

[2] 张婧雅,邹敏,孙宏伟,等.听障儿童青少年焦虑或抑郁情绪心理干预效果的系统综述[J].中国康复理论与实践,2023,29(9):1004-1011.

[3] 郑璇,许家靓.听障生融合教育"回流"问题的成因和对策——基于2012—2022年中国知网的文献综述[J].现代特殊教育,2023,(15):23-27.

[4] 王丽萍.同伴支持对听障青少年亲子互动的影响研究[D].重庆:重庆师范大学,2022.

[5] 陈明英.听障儿童父母教养效能感与教育期望的关系[D].重庆:西南大学,2018.

[6] 梅萍.基于促进学习的评价理论的高中物理课堂评价研究[D].沈阳:沈阳师范大学,2023.

［7］ 王萍, 张梦玮. 写实记录用于劳动教育评价的理论构建［J］. 河南教育（教师教育）, 2023,（10）: 30-31.

［8］ 张斌. 中学校园暴力矫治研究——基于刘易斯·科塞的社会冲突理论的分析［J］. 陕西教育（综合版）, 2021,（5）: 18-20.

［9］ 廖卢琴. "以人为本"理念下提升高校思政工作实效性研究［J］. 教育教学论坛, 2021,（40）: 42-45.

［10］ Benson, P. L. The troubled journey: A portrait of 6th-12th grade youth［M］. Minneapolis: Search Institute, 1990.

［11］ 常淑敏, 张文新. 人类积极发展的资源模型——积极青少年发展研究的一个重要取向和领域［J］. 心理科学进展, 2013, 21（1）: 86-95.

［12］ Benson, P. L. Adolescent development in social and community context: A program of research［J］. New Directions for Youth Development, 2002,（95）: 123-147.

［13］ 周颖. 专门学校社会心理服务模式研究——基于学生心理健康状况调查视角［D］. 南昌: 南昌大学, 2021.

［14］ 陆信贺. 残疾人心理健康服务体系的构建策略［J］. 同行, 2022,（3）: 40-42.

［15］ 李志强. 基于巩固脱贫攻坚成果的农村居民心理健康服务体系的构建. 西昌学院学报（社会科学版）［J］, 2021, 33（3）: 51-55.

［16］ 马宁. 从心理健康服务角度谈社会心理服务体系建设［J］. 首都公共卫生, 2022, 16（2）: 65-68.

［17］ 曲一璠, 张虎. 高等学校服务社区的实践探索［J］. 管理观察, 2016,（15）: 96-98.

[18] Hamilton, M. Putting words in their mouths: The alignment of identities with system goals through the use of individual learning plans［J］. British Educational Research Journal, 2009, 35（2）: 221-242.

[19] 卢祖琴. 广东省特殊教育发展的成就、问题及展望［J］. 长春大学学报, 2023, 33（9）: 100-104.

[20] 张悦. 听障中学生亲社会行为及其影响因素研究［D］. 上海: 华东师范大学, 2020.

[21] 李雯婷, 杨庆龄, 刘晓峰, 等. 污名信息对听力障碍中学生定向遗忘的影响研究［J］. 中国特殊教育, 2022,（1）: 60-67.

[22] 张瑞凯, 戴军, 李红武. 社区心理健康服务实施现状及发展困境——基于北京164个社区的实证研究［J］. 社会工作（下半月）, 2010,（5）: 42-45.

[23] 刘艳玲, 刘春, 田妮, 等. 生态系统理论视角下听障儿童照顾负担及支持性服务实践研究［J］. 中国听力语言康复科学杂志, 2023, 21（1）: 92-94.

[24] 孙殿钦. 胃癌预防策略的优化［D］. 北京: 北京协和医学院, 2022.

[25] 杨竹洁, 薛晶晶. 社区残疾人心理健康状况调查和干预初探［J］. 中国初级卫生保健, 2012, 26（6）: 19-21.

[26] 王哲敏, 王颖. 残疾人心理健康服务现状［J］. 基层医学论坛, 2013, 17（21）: 2801-2803.

[27] 李杰一, 韩明友. 长春市残疾人社区服务存在的问题及对策分析［J］. 现代交际, 2018,（24）: 51-52.

[28] 赵惠. 吉林省听障儿童心理健康状况的调查及康复建议［J］. 长春教育

学院学报, 2012, 28（1）: 74-75.

［29］叶发钦. 论残疾人心理服务存在的问题及对策［J］. 广西教育学院学报, 2010,（3）: 51-53.

［30］蔡英辉, 蔡焘. 我国特殊儿童家庭照顾者的政策支持: 喘息服务视角［J］. 宁夏社会科学, 2023,（2）: 159-167.

［31］陈敏. 社会工作介入听障儿童学校教育研究——以合肥市某特殊教育学校为例［D］. 合肥: 安徽大学, 2017.

［32］沈秋欢. "社区+差异化"健康志愿服务模式构建研究［J］. 现代交际, 2021,（23）: 239-241.

［33］曾丹英. 近30年国外听障人士心理健康研究的可视化分析［J］. 现代特殊教育, 2021,（24）: 69-76.

［34］吴菲, 李筱菁, 孙计领. 社会支持理论视域下残疾人服务机构高质量发展路径研究——以南京市"残疾人之家"为例［J］. 现代特殊教育, 2023,（10）: 42-47.

［35］朱旭, 江光荣. 当事人眼里的工作同盟: 质的分析［J］. 心理学报, 2011, 43（4）: 420-431.

第六章
听障青少年心理健康社会服务多主体协作模式的实践

听障青少年由于自身的特殊性，面临着与同龄健听青少年不同的挑战和压力，往往更容易产生心理健康问题。本章聚焦听障青少年心理健康发展，以学校为主要基地，辐射家庭和社区，来实施和检验所建构的多主体协作模式。听障青少年心理健康社会服务是持续终生的过程，在每个阶段有不同的主题和内容。基于前期对听障青少年心理健康的政策分析、理论研究、实证研究和访谈，通过实践反思这一服务模式的有效性和不足之处，并提出切实的改进建议，最终形成"大健康视域下听障群体毕生发展社会服务的多主体协作模式"。提升听障青少年心理健康社会服务的质量和效果，为他们创造更良好的发展环境和条件。

第一节 听障青少年心理健康的学校服务模式

在听障青少年心理健康社会服务中，特殊教育学校是重要的实践基地，也是核心的功能主体。在特殊教育学校所开展的心理健康服务主要体现在心理健康课程、心理辅导与咨询、危机预防与干预、教师专业辅导与培训、家庭教育指导等方面，旨在促进听障青少年积极发展，减少其问题行为发生，培养其将来参与社会共建的能力。

一、学校服务的框架和内容

图6-1为学校心理健康服务模式图，主要在4个层面展开：学生层面、教师层面、家校合作和校社合作。

（1）学生层面的服务是其中最重要的一部分，主要分为三级水平：水平一是面向全体学生的心理健康服务；水平二是面向有轻度心理困扰但不存在心理障碍的学生；水平三是面向有严重心理困扰且存在心理障碍的学生。根据学生的情况及服务资源，在每级水平上所展开的活动也有所区别。

（2）教师层面主要包括教师心理健康教育专业培训与素质提升、督导、教师心理健康与职业发展3个方面。

（3）家校合作包括家庭教育指导、家庭辅导与咨询，以及困境学生家庭援助。

（4）校社合作主要包括学校获得社区支持、为社区提供科普服务，以及联合社区对有特长的听障学生进行"扬长"教育。

学校心理健康服务需要职能部门的政策、经费支持，同时也需要高校及科研院所的专业支持和学术引领。

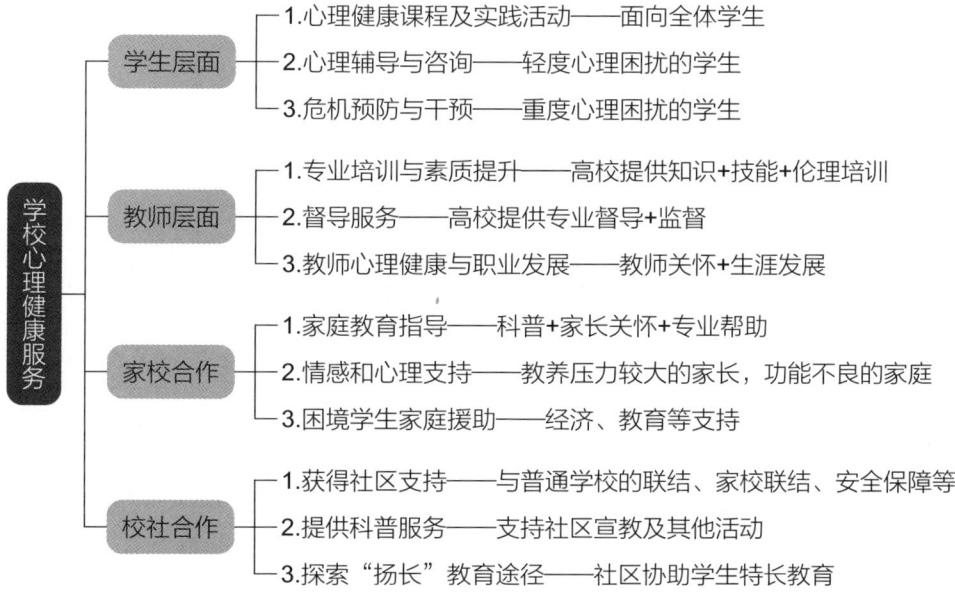

图6-1 学校心理健康服务模式图

（一）学生层面

1. 心理健康教育课程及实践活动

学校层面的心理健康教育应该面向全体学生，为全体学生提供基本的心理健康服务。这是学校心理健康服务体系区别于社会心理健康服务体系最有特色的地方（张曼丽，2018）。心理健康课程是学校心理健康服务的主渠道和重要抓手（俞国良，侯瑞鹤，2015）。在特殊教育学校开设心理健康教育课程也是听障青少年心理健康社会服务的重要内容。

首先，学校要把心理健康教育课程纳入到整个课程体系之中。在课堂教学中普及基本的心理健康知识，帮助学生了解常见的心理健康问题，并且针对学生常出现的心理问题，提供自我调整的方法和技巧，增强学生的自助能力。在遇到自身难以解决的问题时，让学生学会寻求支持和帮助，可以积极求助班主任、心理老师、家长等，利用身边的积极资源，来帮助自己摆脱困扰。另外，由于学生在不同的阶段所面临的心理问题也是不同的，因此，在开展心理健康教育课程时，具体内容需要根据不同年龄阶段学生的不同心理特点有所侧重，设置不同的主题，提高心理健康教育课程的针对性。

其次，除了上述常规的内容外，心理健康教育课程还应突出活动性和主体性，根据听障学生的身心发展特点，开展以心理游戏、绘本、沙盘疗法等为主导的体验课与活动课。使学生在体验与活动中有所感悟，提升心理健康水平并培养积极的心理品质。

最后，心理健康教育应该渗透到各科教学中。学科教师也应该具备一定的心理学知识，根据不同学生的年龄特点，结合所教的内容，对学生开展所需的心理健康教育。比如，语文写作课上关于情感与心理活动的探索，数学课对于学生思维灵活性训练亦有很大帮助等。学科课程不仅有助于提升学生的思想品德素养、科学文化素养，也在学生身心健康素养提升中具有积极的引导作用。

2. 心理辅导与咨询

心理辅导与咨询是学校心理健康服务的重要部分，也是贯彻落实《中小学心理健康教育指导纲要（2012年修订）》（2012）的具体举措。心理辅导与咨询由学校专兼职心理教师运用心理学与心理咨询的理论、原理和方法，对存在心理困扰的学生进行有针对性的辅导与咨询，缓解学生的心理困扰，提高学生解决问题的能力，促进学生的自我成长与发展。除了个别辅导与咨询之外，还可以针对有同样心理困扰的学生开展团体心理辅导，通过团体内的交互作用和领导者的指导，共同改善团体内成员的问题，促进学生的积极发展。

需要注意的是，学校心理教师要在自身的胜任力范围内工作。学校心理教师不能对存在心理疾病或心理障碍的学生进行心理辅导与咨询，这不属于学校心理教师的工作范围，如果学校识别或筛查出可能存在心理疾病或心理障碍的学生，需要及时联系家长，带孩子到医院接受精神科医生专业的诊断和治疗。

3. 危机预防与干预

学校心理健康服务的另一个重要任务是危机预防与干预。学校通过定期的、系统的心理健康筛查，及时发现存在心理异常的学生，对这部分学生进行及时跟进，通过访谈或咨询初步评估学生目前的困扰及其严重程度，以此判断是否需要及时转介至医院或转介给专业的心理咨询师。

学校要加强对学生心理健康问题的识别和筛查，并做好早期预防工作，健全心理危机预防和快速反应工作机制，完善危机预警和防控体系（边昊天，2020）。学校可以建立学生的"个人心理成长档案"，在保护学生个人隐私的情况下，实现学生心理健康信息在不同学段的有效衔接，在需要的时候，可以及时调取使用（俞国良，王浩，2019），有效预防危机的发生。

（二）教师层面

1. 教师专业培训与素质提升

心理教师要具有识别和评估学生心理问题的能力，掌握心理学和心理咨询的相关知识，为有需要的学生提供心理辅导和干预，因此要为心理教师提供专业胜任力提升方面的专题培训，提高心理教师应对特殊问题的能力。班主任是学生的重要指导者和监督者。班主任要了解班级内的每个学生，能及时察觉学生出现的异常，因此要教给班主任实用的心理干预方法，学习如何处理心理危机。任课教师在日常教学过程中，也需要注意到学生的心理健康问题。他们应该知晓一些简单的心理健康知识和技能，了解学生的需求，为学生提供支持，以帮助学生克服各种学习和生活中的压力。

2. 为学校心理教师提供督导服务

定期督导对心理教师的发展和学生的心理健康是至关重要的，心理教师要面对各种不同的心理问题和情况，因此，他们需要保持自己的专业技能和知识水平。定期督导可以帮助他们提高自己的专业和技能水平，确保心理辅导的质量和效果，保证心理教师工作的专业性和有效性。定期督导还可以帮助心理教师反思、分析和评估自己的工作表现，发现问题和不足之处，进而优化和改进自己的工作方式，更好地帮助学生。

3. 要关注教师的心理健康和职业发展

教师这一工作是高负荷和高消耗的，教师的心理健康不仅关乎教师个人，也关乎学校教育教学的质量，并最终可能影响学生个人的适应与发展。因此学校要定期开展教师心理状况评估，根据不同教师的需求提供相应的辅导。同时，学校应联合上级主管部门为教师争取更多的发展空间，校内也应为促进教师的综合素质发展和职业提升创造条件。

（三）家校合作共育

1. 提供专业上的指导与帮助

首先，学校可以为家长提供专业的儿童照料知识。我们可以通过提供家长手册、视频课程、在线培训等来帮助家长掌握相关知识，这些手册和课程不仅包括了孩子的生理和心理发展、饮食和营养、健康和安全等方面的知识，还包括如何避免及处理亲子矛盾的方法和技巧等。

其次，还可以邀请教育学和心理学领域的专家来进行面向家长的讲座，帮助家长更好地了解如何照料听障孩子，树立科学的养育观念。

再次，学校通过提供咨询服务、举办家长课程沙龙等方式，帮助家长排疑解难。例如，学校可以给家长普及一些常见的中小学生情绪和行为问题，包括问题的表现、评估方法等，让家长能够在学校之外的地方了解孩子成长中可能会出现的问题，做到及时发现、及时干预。

最后，还有很多家长在发现孩子有问题之后，不知道该寻求什么帮助，学校可以帮忙转介到正规的医院或咨询机构，孩子康复并重新返回学校之后，学校可以为孩子继续提供心理咨询服务，定期与家长交流孩子的情况。

2. 提供情感和心理上的支持

在家校的交流与互动过程中，学校不应该只看到家长在教育过程中存在的不足和问题，也应该看到养育子女的辛苦。除了育儿的压力，家长还承担着生活、工作等来自不同方面的压力，因此，学会理解并共情家长也很重要。在理解家长的基础上，发现其身上所具有的积极的养育经验，充分发挥家庭资源的优势，同时建立起相互支持与理解的家校工作联盟，共同促进孩子的健康成长。

3. 为困境家庭提供援助

部分听障青少年除了要应对自身的缺陷，还可能要应对来自家庭的各种困境，比如，父母一方或双方残疾、单亲家庭、经济困难等。要格外关注听障青少年群体中的困境家庭，提供力所能及的帮助和扶持，缓解家庭压力。例如，学校可以通过与社会机构或社区合作，提供助学金或其他补助，缓解就读学生家庭的经济压力，或者提供心理援助，使他们感受到温暖和支持，引导家庭积极自助和寻求社会支持。同时，社会资源和公共服务也应对这些困境家庭给予适当倾斜。

（四）校社合作

1. 获得社区支持

首先，社区可以为学校和师生提供文化资源、公共设施等，丰富学校的教育环境和社会实践体验。学校与社区合作，共同举办一系列社区文化活动。例如，学校在所属社区开展文化节、艺术展等活动，为社区居民提供丰富多彩的文化娱乐；社区也可以帮助学校承办文化活动，丰富学生的课余生活，为学生提供更多的活动场所，拓宽学生的视野。

其次，学校与社区合作进行教育实践活动，开展有关学生安全教育、家庭教育、生涯发展与就业等方面的活动。学校与社区可共享教育资源。例如，社区图书馆可以和学校图书馆合作，共享图书资源，为学生提供更加便捷的阅读和求知环境。

再次，社区可以灵活地集结社会力量，为有需要的学生及家庭提供无障碍的学习环境和学习资源，如社区托管、生活服务、文具资料、手语课程等。同时可以在医疗支持、社会保障支持等方面进行帮助。

2. 提升科普服务

首先，学校和社区合力开展科普服务，学校具有知识教育、专业人员方面的优势，可以为社区提供有关学生发展、升学与考试、志愿填报等方面的科普和信息资源；社区也可以邀请相关领域的专业人员到社区举办心理健康讲座，举办灵活多样的、易于社区居民接受的心理科普，加强社区居民对心理健康教育相关知识的了解和学习。

其次，社区鼓励和接收具有专业背景（如教育学、心理学、社会工作等）的本科生和研究生到社区实践和实习，为有需要的家庭提供有针对性的支持和帮助，必要时，联系相关专业的医护人员提供心理转介服务和医疗救助。

再次，学校也可以定期为社区工作人员提供有关心理服务技能的培训，联合做好基层教育宣传工作。

3. 探索"扬长"教育途径

尽管听障青少年语言表达和听力受限，他们中也有人在绘画、体育、舞蹈、计算机等方面有强烈的兴趣和良好的发展潜质。学校的课程设置和教育能够满足绝大多数听障青少年的求知需求，但对于某些具有特殊能力的学生而言可能无法满足其学习和发展的需要。例如，学校开设的信息技术课程可以使学生了解基本的信息技术、计算机使用方法等，但有的听障青少年对计算机编程感兴趣且有突出的才能，这种情况下，社区可以发挥灵活的联络作用，帮助这部分听障青少年联系高校及科研院所或相关企业单位的专业人员，为其提供"扬长"教育的机会。另外，社区也可以为听障青少年提供更多的社会实践机会，使其发挥自己的优势，增强学生的自信心。学校与社区加强沟通交流，充分了解学生的生活和学习状态，帮助他们发现自己的兴趣和优势，及时给予鼓励和支持。

二 听障学生心理健康教育及效果

针对听障青少年心理健康的学校服务形式主要有团体辅导、个体辅导、科普宣教、心理健康系列讲座、线上服务等。

（一）团体辅导

团体辅导（Group Counseling），指以团体的形式进行心理辅导，团体成员在人际交互的作用下，彼此交往、相互作用，成员能通过心理上的互动，加深自我认知，进而改变行为方式，改善人际关系（樊富珉，2010）。

1. 团体辅导的理论基础

（1）团体动力学理论。团体动力学理论认为团体是一个动力系统，可以促进个体的成长和发展，增进成员之间的相互合作，增强团队凝聚力，为实现共同的团体目标而努力，进而推动整个团体的改变。参与团体辅导的听障青少年相互影响、相互促进、相互包容和支持，在团体中体验到安全感、归属感。为了团体的荣誉和发展而努力，从而更加积极主动地投入团体活动中。

（2）社会学习理论。社会学习理论强调个体的行为是由个体与环境的交互作用形成的，青少年的大部分行为是通过观察和模仿他人而产生的，好的榜样具有替代性强化的作用。因此，在团体活动中，一些积极参与的成员更可能成为其他成员学习和模仿的榜样，在团体内形成一种积极的内在动力，潜在地影响到团体成员的认知、行为、情绪、情感。听障青少年可以在相互理解、信任和接纳的团体中找到适合自己的榜样，观察和模仿榜样的行为，成员之间形成积极的反馈和互动，自发地调整和改善自身的不良行为和认知。

2. 团体辅导的目的和作用

在团体辅导中，围绕成员共同关心的问题，借助一定的方法和形式，通过相互启发和诱导，使成员改变适应不良的观念、态度和行为。团体辅导为成员提供了一个安全的环境，使成员在信任、支持、温暖的氛围中认识自我、探讨自我、接纳自我，调整和改善成员与环境的关系。

团体辅导的目的主要包括：帮助听障青少年克服认知偏差，提高思维灵活性；帮助听障青少年获得更好的情绪体验，提高情绪调节能力；提升听障青少年的人际沟通能力和问题解决能力，增强学校适应和自我效能感。

以团体辅导的形式对听障青少年进行干预，可以促进他们的成长和发展。主要体现在以下几个方面。

（1）帮助听障青少年获得支持和认同。团体辅导提供了一个安全的环境供成员讨论、交流和分享，有助于减少听障青少年的孤独感，获得来自他人的支持和认同，增强自信心，减轻心理压力。

（2）能够培养听障青少年的社交和沟通能力。听障青少年由于存在听力和言语上的困难，常常缺乏社交机会和沟通技能，而团体辅导可以为他们提供一个安全的社交场景，在团体中，学生可以与其他听障青少年、团体领导者进行互动交流，学习有效的交流和沟通技巧。

（3）可以促进听障青少年的自我接纳和经验学习，提高其适应社会的能力。团体领导者和其他成员的接纳和尊重也有助于听障青少年的自我接纳，听障青少年可能会在生活中面临很多挑战，例如，日常交流困难、教育机会不足、职业发展存在困难等。通过团体辅导，听障青少年可以学习到其他成员的成功经验，团体领导者也可以为团体成员提供更多的机会，使团体成员获得启示和鼓励，增加其应对挑战的勇气，增强社会适应的能力。

3. 团体辅导的内容

根据对听障青少年心理健康现状及影响因素的前期调研和访谈结果的分

析,结合特殊教育学校已有的实践基础,制订并实施团体辅导方案。

团体辅导活动共分为八个单元,其中第一单元是建立团体,第八单元是团体告别与总结,中间六个单元的主题为"认识自我""积极的自我暗示""互助同行""情绪管理""换个想法试一试""人际交往我有招",分别从认知、情绪表达、人际沟通、问题解决等方面入手,旨在帮助听障青少年发展积极的情绪调节能力,提高思维灵活性,促进听障青少年的自我接纳,促进其心理健康发展。

另外,相较于正常个体,听障个体的自我觉察能力较低,理解能力相对较差(祝一靖,2019),难以理解复杂的干预方案和深刻的治疗理论,他们大多通过动作和表情来理解他人和表达情感。因此,在形式上要突出互动性和体验性,简单易懂,尽可能以游戏或者表演的方式来串联整个团体辅导过程。

4. 团体辅导的实施程序

(1)团体成员的选取

本课题以山东省两所特殊教育学校为试点,选取初中、高中/中职、高职听障学生共86人,由于智力缺陷及病假中途退出者24人,参与团体辅导的有效被试62人,其中男生29人,女生33人。这62人被分为三个小组,各组人数在性别、学段上基本平衡。

(2)团体辅导的基本设置

团体辅导共分三组进行,每组配有一名团体领导者、一名手语教师和两名志愿者。每个单元团体活动结束,团体领导者、所有成员、手语教师和志愿者合影留念,并对团体领导者、个别成员及手语教师等进行访谈。由于听障青少年注意力稳定时间较短,情绪波动性大,自制力弱,容易疲劳,可能无法长时间地集中注意力(罗玲,2018)。因此,每次的团辅活动时间控制在40~60分钟。同时,添加符合主题的生动有趣的游戏活动和动画,减少了过程中的枯燥乏味,充分调动听障青少年的兴趣和注意力,提高他们的参与度。

采用两种方式来评估团体辅导的效果：一是基于团体领导者、教师和团体成员的反馈，二是基于辅导前后成员的解释偏向、积极和消极情感的变化。

（3）团体辅导过程

初创阶段。第一单元为初创阶段，目的在于帮助成员们相互认识并建立联系，组建团体，确立团体目标和方向，制定团体契约。第一单元的主题为"有缘相聚"，目标如下：第一，利用破冰游戏打破成员之间的陌生感和疏离感，形成一种开放、安全、温暖的团体氛围；第二，通过分组以及展示个性名片的活动让成员介绍自己，同时认识其他成员，建立彼此之间的联结；第三，利用"你画我猜"的小组游戏帮助成员之间增强小组凝聚力和集体意识，帮助他们建立友谊和信任的基础；第四，签订共同的团体契约书，共同遵守团体的规范，建立一个有秩序的团体。

中间阶段。第二至七单元为中间阶段，目的是帮助成员更加熟悉彼此，建立起密切的关系，使成员能够在活动的过程中逐渐明晰自己的问题，提高思维灵活性和情绪调节能力，发展出更多的积极情绪，促进自我接纳和社会适应。

第二单元的主题为"认识自我"，引导成员从多个角度认识自己，学会客观地评价自己，引导成员充分发掘自身的优势，增强自信心；同时也要引导成员敢于面对自己的缺点和不足，积极调整和改变，真正做到悦纳自我。

第三单元的主题为"积极的自我暗示"，旨在帮助听障青少年克服困难，提高自信心和自我效能感。利用"积极口号贴纸"帮助每个成员树立积极的生活态度；利用"头脑风暴自我肯定"帮助每个成员发现自己的价值和优点。

第四单元的主题为"互助同行"，在这个单元中，团体领导者将引导听障青少年学习如何团结合作并相互扶持，在了解彼此的基础上，增强彼此之间的信任和团结。通过"乒乓球接力""人人都是创作家"等团队挑战和合作项目，成员们将学习到如何共同合作解决问题、相互配合并达成共同目标，增强彼此之间的凝聚力。

第五单元的主题为"情绪管理"，在这个单元中，团体领导者将引导成员们认识到不同的解释偏向会给自己带来不一样的情绪体验，选择积极的解释偏向会带来积极的情绪体验，消极的解释偏向会带来消极的情绪体验。同时也帮助成员们认识和管理自己的情绪。通过动画短片进一步感受不同的情绪体验，并结合自身的经验，共同讨论调节消极情绪的方法和技巧，提高调节情绪的能力。

第六单元的主题为"换个想法试一试"，目的在于减少听障青少年的消极解释偏向，发展积极解释偏向，使他们能够以更合理的视角看待问题。在这个单元中，团体领导者通过呈现出一些模棱两可的情境，让小组进行头脑风暴，尽可能思考事情的更多解释，引导成员们学会转换思维模式，有意识地学会从多个角度思考问题，发展更加积极的认知策略，使成员们意识到事情可能并不总像想象得那么糟糕，让成员能够看到事情的不同解释，而不是局限于事情的消极解释。这也能够使成员在遇到问题的时候学会进行恰当处理，同时能够迁移运用到生活中的类似情境，掌握处理类似问题的方法。

第七单元的主题为"人际交往我有招"，设计社交情境中的模糊场景，成员在一些人际交往的过程中，可能会消极理解别人的动作、行为，出现一些习惯化的负性想法，引发消极情绪。团体领导者通过呈现"人际交往小剧场"，教给成员们在社会交往的过程中遇到问题时，如何从其他角度思考问题，如何去解决问题。在这个单元，他们将学会如何有效沟通，发展更积极的认知，建立起健康的人际关系。

结束阶段。第八单元为结束阶段，即团队告别和结束。主题为"一起向未来"，这个单元的目的在于总结和回顾之前的收获与成长。这个单元是团体辅导活动的结束阶段，团体领导者带领成员回顾整个团体辅导活动，分享各自的收获和体会，强化他们持续成长的动力和信心。

5. 团体辅导效果反馈

团体辅导结束后，对团体领导者、成员及教师进行访谈，访谈内容主要包括：团体的凝聚力、参与辅导的学生的变化，例如，情绪、认知、行为、人际关系、课堂表现等。

（1）团体领导者评价。在团体建立之初，成员彼此之间缺乏互动和联结，为了增强成员之间的联结，设计了热身活动和合作游戏，一方面增加了团体成员之间的互动，另一方面增加了彼此之间的了解，提高了团队凝聚力。随着团体辅导的逐步深入，团体成员之间的互动更加频繁，原本不爱说话的成员，在整个团体的感染下，变得越来越开朗，与其他成员交流的频率也变高。在完成集体活动的过程中，成员之间的配合度也越来越好，变得更团结。成员对于情绪的掌控有了较大的提升，不仅学会了调节消极情绪，还发展出更多的积极情绪。同时，成员在认知层面也有了较大改善，能够学会从不同的角度看待问题，思维更加灵活，负性认知偏差有明显改善，思维僵化的现象也明显减少。以下是三组团体领导者的反馈。

①团体领导者董老师：有一个让我印象很深刻的成员，是一位女生，在前两次团辅活动的过程中，她始终比较沉默，很少跟团体成员互动。我始终关注着这位女生的状态，主动走到她的身边，引导小组内讨论时要关注到每一位成员，让其他成员关照这位女生，组内有一位比较外向的女生，我提醒她多多帮助那位不爱说话的女生。到第四次团体活动的时候，这位不爱说话的女生脸上开始出现笑容，跟小组内的其他成员也有了更多的交流，变得愿意参加集体活动。在第六、第七次活动的时候还主动代表小组上台展示，我及时地带领团体成员对她进行鼓励，这位女生也变得越来越活跃。

②团体领导者吴老师：同学们经过八次团体辅导后，发生了很大的变化。首先，整个团体的凝聚力大大加强，他们能够合作共同完成一个目标，部分成员存在问题时，其他成员也会主动伸出援助之手。其次，每个成员的情绪也发

生了极大的变化,刚开始有些成员不愿参加活动或是参加活动时兴趣不高,但随着活动的一次次进行,他们慢慢能够融入整个团队,在活动中也可以看到每一个成员的情绪都非常积极。最后,团体成员之间的关系有了明显改善。在目标明确、互帮互助的团体氛围下,有些比较陌生的成员之间逐渐彼此熟悉,同伴关系有所改善。

③团体领导者菅老师:首先,团体辅导活动在帮助成员建立合作互助的意识方面取得了积极成果。通过团队合作的练习和活动,成员们学会了与他人有效地合作,尊重他人的观点,并通过共同努力实现共同目标。这种合作意识的培养有助于他们更好地融入社交环境。其次,团体辅导活动可以帮助成员充分认识自我。通过引导他们思考自己的兴趣、价值观和潜在优势,他们逐渐明确了自己的身份和目标,并增强了自信心,建立了积极的自我认知。这种自我认知的提升有助于他们更好地面对挑战,发展个人潜力,并寻找自己的人生意义。此外,团体辅导活动还关注了情绪调节和调节负性解释偏向的重要性。我们教授成员一些情绪管理技巧,如积极思维、解决问题等。通过角色扮演和情景模拟,他们学会了识别和表达自己的情绪,并学会了应对和调节情绪的方法。同时,我们也帮助他们认识到负性解释偏向的影响,并提供了一些策略来调整和改变这种思维模式,以获得积极的心态和情绪。总体而言,团体辅导活动对成员的心理健康产生了积极的影响,然而,这只是一个起点,我们还需要继续关注他们的成长和发展。未来,我们将继续提供支持和指导,帮助他们建立更健康的心理状态,实现全面发展。

(2)来自听障学生的反馈。在团体辅导结束后,通过对成员参与团体活动过程的观察以及访谈,我们发现,听障学生普遍喜欢团体辅导活动,对团体领导者表示满意,思考事情的方式有了较大改善,能够明白事情可能并不总像自己想得那样糟糕,不能总把事情往消极的方面去思考,进而学会对事情进行积极解释。在遇到让人不开心的事情时,能够积极找办法缓解不开心的情绪,让自己变得高兴起来。在遇到人际矛盾时，也能够冷静地分析事情，不随意朝别人发泄情绪。以下节选部分听障学生的反馈。

①学生小刘：你们的活动特别好，我们能够学习到很多，知道很多事情不像我们想象的那么糟糕，应该多从其他方面去思考问题。

②学生小吕：你们的团体活动每次都很有趣，让我学会了很多调节不良情绪的方法，还有在跟别人产生矛盾的时候，不能一下就认为是别人的错，我们应该要搞清楚到底发生了什么，然后再想之后该怎么做。

③学生小王：我认识到自己也有一些优点，以前一直觉得我没有什么优点，但通过活动我也能找到自己的优点，十分感谢老师们。

④学生小路：我知道了不能老把事情往坏的方向想，我们也应该多想想事情好的方面，这样才会让自己更开心。

（3）班主任及任课老师访谈。被访谈的班主任及任课老师纷纷表示整体班级氛围跟以往相比有了较大变化，部分之前比较内向、不太活跃的学生在参与团体辅导之后，也发生了积极的改变。以下节选部分班主任及任课老师的反馈。

①班主任张老师：感觉同学们之间相处更融洽了。人际交往中聋生可能会产生一些偏激的想法，但通过团体辅导之后，会从别人的角度上去思考，明白自己看到的未必是真实的情况，他就会学着用一种更加宽容的心态去看待事情，不再去较真或是有一些极端的想法。通过给他们提供一些比较好的案例，让他们了解生活中可能会发生误会的场景，这样同学们之间再发生矛盾误会的时候，就会调整自己的情绪。班里有个叫小胡的同学，在参加团体辅导之前好像游离在团体之外，因为她本身手语不太好，再加上她是从外地转过来的，听普通话有点困难。但在团体辅导之后，她愿意和同学们一起互动，能够更好地融入班集体，也是一个挺大的进步。我觉得咱们这个团体辅导尊重每一位孩子，不论他学习好坏与能力高低，都能被尊重、被认可，都能平等地参与到活

动中来，对他自信心的建立会有很大帮助。上课表现上，同学们也敢于发表自己的意见了。

②班主任吴老师：经过这两个月的团体辅导，我觉得班内学生更活跃、更积极了。现在感觉比之前更懂事了，学习也更主动、更认真了。班内有一个女生之前存在一些情绪问题，比较容易激动，但是现在状态好多了，情绪比较稳定了。还有一个男生，之前因为手语不太好，不愿意与人沟通，没什么朋友，现在比较愿意和别人交流了，也能够引导他去参加一些班级的活动。班内还有一个女生，自认为比其他人都厉害（能够有一些听力），不愿意与这些同学交往，但是现在她的团体意识也有所增强，没有那么高傲了。

③班主任朱老师：觉得整体班级氛围更加活跃，矛盾也减少了，因为本班的孩子本身就比较活跃，但上学期的活跃程度仅能维持一段时间，本学期的活跃时间明显增长，并且班里的同学更擅长自己解决自己的事情了，班级氛围变得更加亲密融洽。

④任课老师苗老师：之前在课上有一些学生不太愿意跟老师交流，但是现在他会以另外一种形式回应你，就比如教画画的时候，他们会有一些问题不会处理，现在就会写在作业上，右上角或右下角，虽然是无声的交流，但是是有效的交流。在学生的人际关系上，同学之间的沟通变多了，学生们愿意一块玩。一开始喜欢独来独往、不参与活动的学生，现在也开始接触同学，周六周日去超市买东西，也会帮同学带东西或者相互分享一些零食。

⑤任课老师刘老师：班级中同学们更加互帮互助了，更善于表达了，慢慢地可以表达自己的想法了。之前同学之间在处理人际小矛盾上还不是特别擅长，比如有一个学生打喷嚏声音比较大，有人希望班长帮忙告知一下那位同学，但是这位班长不愿去说，并让这位同学自己去说，这位同学觉得很委屈，就哭了，所以我觉得现在的孩子在处理问题的心胸上比较小，角度不够好。经过这学期的团体辅导之后，我发现他们现在敢于自己去表达自己的想法了，而

且可以委婉地、有礼貌地向别人提建议和要求，即使被别人拒绝，多数学生也能够理解，不再一味地哭了。

⑥手语老师唐老师：总体来说更放松了一些，活跃了一些，变得更加融洽和谐，彼此之间能够相互理解。初中的学生还好，一直比较活跃。尤其是高中的同学，之前可能放不开，比较沉默，经过团体辅导活动之后，班级氛围明显活跃很多，学生也更愿意发言了。初一的一个男生变化是最大的，因为认知能力比较弱，不太能融入班级里，随着团体辅导活动的开展，他变得更活跃了一些，上课也更放松了一些，发言次数也比之前多了，跟同学相处也比以前更顺畅了，整个人状态好了一些。高一的一个女生，原先在班里比较孤单，没什么朋友，上课也从不说话，表情也很冷漠，但是现在变了很多，交到了好朋友，课上课下都活跃了很多，现在在活动课上还能代表组里发言，感觉整个人开朗了很多。

6. 团体辅导的量化评估

本课题团体辅导的目的是帮助听障青少年克服认知偏差，提升思维灵活性，帮助听障青少年获得更好的情绪体验。因此，团体辅导前对参与的成员进行了消极解释偏向、积极情感和消极情感的前测，辅导结束一周后，再进行后测。测量工具的具体情况详见本书第三章。量化评估主要考察团体成员以上指标的变化，说明团体辅导干预的效果。表6-1是听障青少年团体辅导前后的平均分、标准差及差异分析。

表6-1 听障青少年团体辅导前后测的平均分、标准差及差异分析

研究对象		$M±SD$	t
消极解释偏向	前测	1.34±1.35	2.00*
	后测	0.88±1.35	

续表

研究对象		M±SD	t
积极情感	前测	27.90±7.28	-3.57**
	后测	31.02±8.26	
消极情感	前测	16.41±5.36	0.29
	后测	15.94±5.44	

注：*$p < 0.05$，**$p < 0.01$。

采用配对样本 t 检验来分析团体成员在消极解释偏向、积极情感、消极情感上的差异。结果发现，团体辅导之后成员消极解释偏向得分显著降低（$t=2.00, p<0.05$），积极情感得分显著增加（$t=-3.57, p<0.01$），消极情感得分的前后变化未达到统计显著水平（$t=0.29, p>0.05$）。上述结果表明，团体辅导干预对减轻听障青少年的消极解释偏向、提升积极情绪情感具有显著效果。

（二）基于实验的个体干预

1. 干预的目的和内容

除了通过团体辅导改变听障青少年的消极解释偏向之外，本研究还采用了实验干预，进一步探究非言语的解释偏向干预实验对降低听障青少年消极解释偏向和自我污名的效果。通过问卷调查筛选出消极解释偏向得分较高的学生，随机分为两组：实验组和对照组。实验组学生接受解释偏向的干预实验，对照组学生不接受任何干预。干预结束一周后，比较两组前后测中消极解释偏向和自我污名的得分变化。

2. 干预对象的选取

从两所特殊教育学校选取高中/中职、高职共38名听障青少年为研究对象，男生、女生各19人。

3. 干预方案的设计

实验干预程序包括60个社交情境，主题均为生活中常见的社交情境。每张图片上配以人际对话（文字呈现）。每次干预设定15个情境，分6次完成，每次20分钟左右。每周1次，共进行6周。

实验干预借助计算机程序进行。先向实验组被试呈现情境模糊处理过的图文，被试看完后按空格键，进入探测界面。探测界面会出现两种不同的选项，分别代表着积极解释倾向和消极解释倾向，被试从中选择一个并按按钮确认。然后进入反馈界面，反馈界面仍以图文形式出现，但情境清晰。首次干预的第一个社交情境会在主试的指导下完成，以后均由被试独立完成。

实验组和对照组完成任务的全程中，研究人员与听障青少年的沟通均由手语志愿者帮助翻译完成。

4. 结果与分析

表6-2是实验组和对照组在前后测上的平均分、标准差及组别的差异分析结果。以正确率和反应时为指标，通过独立样本 t 检验来考察组别差异。独立样本 t 检验结果显示，在实施干预之前，实验组和对照组在消极解释偏向正确率、消极解释偏向反应时、自我污名上均不存在显著差异（$t=-0.26$, $t=-0.09$, $t=-0.46$, $ps>0.05$），表明两组基本同质。对实验组被试进行干预，干预结束后一周，对两组被试进行同样的后测。后测结果显示，实验组和对照组的被试在消极解释偏向正确率、消极解释偏向反应时、自我污名等方面差异显著（$t=2.82$, $p<0.01$; $t=-5.76$, $t=-4.67$, $ps<0.001$），实验组的被试对于消极解释的正确率提高，反应时变短，自我污名水平降低，这说明本次实验可以有效减少听障青少年的消极解释偏向和自我污名。

表6-2 实验组和对照组前后测的平均分、标准差（M±SD）及组别差异分析

研究对象		实验组	对照组	t
消极解释偏向正确率	前测	0.54 ± 0.17	0.55 ± 0.17	-0.26
	后测	0.71 ± 0.24	0.56 ± 0.22	2.82**
消极解释偏向反应时	前测	2819.94 ± 2372.50	2860.62 ± 1287.42	-0.09
	后测	1479.11 ± 639.25	2700.00 ± 1128.23	-5.67***
自我污名	前测	51.91 ± 11.24	53.04 ± 9.77	-0.46
	后测	40.42 ± 11.03	52.71 ± 11.45	-4.67***

注：**$p<0.01$, ***$p<0.001$。

表6-3中比较了实验组和对照组分别在前测与后测结果的差异分析。配对样本 t 检验结果显示，实验组的被试在消极解释偏向正确率、消极解释偏向反应时、自我污名上前测与后测差异显著（$t=-3.59, t=3.91, t=5.49, ps<0.001$），接受干预实验后，实验组的被试对于消极解释的正确率提高，反应时变短，自我污名水平降低。而对照组的被试在消极解释偏向正确率、消极解释偏向反应时、自我污名前测与后测差异不显著（$t=-0.30, t=1.16, t=0.27, ps>0.05$）。说明解释偏向的干预实验可以有效干预听障青少年的消极解释偏向和自我污名。

表6-3 实验组、对照组前测与后测结果的差异分析

研究对象		前测	后测	t
消极解释偏向正确率	实验组	0.54 ± 0.17	0.71 ± 0.24	-3.59***
	对照组	0.55 ± 0.17	0.56 ± 0.22	-0.30
消极解释偏向反应时	实验组	2819.94 ± 2372.50	1479.11 ± 639.25	3.91***
	对照组	2860.62 ± 1287.42	2700.00 ± 1128.23	1.16
自我污名	实验组	51.91 ± 11.24	40.42 ± 11.03	5.49***
	对照组	53.04 ± 9.77	52.71 ± 11.45	0.27

(三)个体心理辅导与咨询

1. 个体心理辅导与咨询的流程

听障青少年的学校适应与其身心发展状态、外部环境因素有关,学校适应问题不是某一因素的单独作用,而是内外因素共同作用的结果。因此,应在大健康观、系统观的视角下进行个体心理辅导与咨询。图6-2为听障青少年个体心理辅导和咨询的工作流程图。由学校专兼职心理教师作为心理咨询师,接受个体心理辅导和咨询的听障青少年通常有两个来源:一是自己主动寻求咨询,二是在心理筛查中发现存在心理问题者,或者由班主任推荐或建议前来咨询者。后者往往缺乏主动的咨询动机,需要咨询师通过心理教育,鼓励其咨询求助。

首先,咨询师要收集听障青少年来访者(以下简称来访者)的个人信息并进行评估,如果存在较为严重的心理障碍或者危机,则通过家校社医合作的绿色通道转介到精神卫生部门;如果存在一般的心理困扰(如学习适应不良、人际关系矛盾、亲子关系矛盾等),则进入个体心理咨询程序。

其次,咨询过程中始终要进行动态评估,如有危机,则启动学校危机干预程序,家庭、学校、社区做好预警和干预准备,在咨询过程中要建立良好的和信任的咨询关系,形成工作联盟。这里要注意,与普通健听青少年咨询不同的是,对听障个体的咨询有时需要听力辅助系统,或者语音转换软件,必要时需要手语翻译教师,但所有参与人员必须征求来访者的知情同意,参与者也必须签订协议,尊重来访者的隐私权和遵守保密原则。

再次,对于接受过精神治疗后处于稳定期或康复期的个体,学校和社区可提供专业人员的陪伴和支持。整个个案工作均要在中国心理学会临床心理学注册工作委员会注册督导师的督导下进行,并遵守心理咨询的伦理规范。

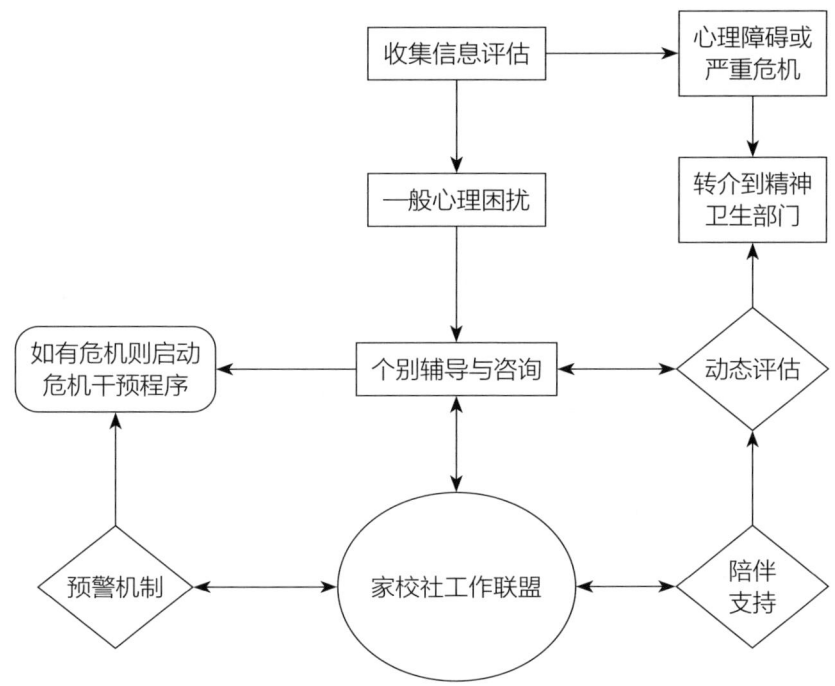

图6-2 听障青少年个体心理辅导与咨询的工作流程图

2. 咨询对象

基于前期调研、访谈的结果，根据学生在积极/消极情感、社会适应、解释偏向等问卷上的得分情况，选取了10名听障青少年进行个别心理辅导和咨询。他们有相对较差的情绪调节能力和社会适应能力，在遇到模棱两可的事情时更倾向于以消极的观点进行解释，也更容易产生消极情绪体验。

由中国心理学会临床心理学注册工作委员会的注册心理师、特殊教育学校专兼职心理教师对学生进行个体咨询，由注册督导师进行个案督导，所有咨询与督导均严格遵守相关法律法规及专业伦理规范。

3. 咨询设置

一般而言，学校个体心理辅导与咨询的次数为6次，也可以根据来访者的情况有所增减。从咨询频率上，每周一次，每次40~60分钟。常规情况下，均为面对面咨询，咨询地点在学校咨询室。听障来访者首次咨询时签订知情同意书，同时提供监护人联系方式。如有需要，咨询师会结合来访者的情况并在征求来访者同意的情况下联系监护人。

咨询结束后，由咨询师反馈咨询中来访者的进步、存在的困难和问题及后续的改进方法；来访者主诉和评估自己的变化，自己在咨询中获得的帮助和进步，对咨询师的反馈和建议等。

4. 主要问题

个体咨询中，来访者求助的问题主要聚焦于情绪、学业、社交和职业规划等方面。在情绪方面，主要是情绪调节和极端情绪控制等。咨询师会教给他们一些情绪调节策略和放松技术，帮助他们有效缓解消极情绪，合理地表达情绪，提高他们的情绪调节能力。例如，在学生情绪低落时，可以尝试采用正念冥想，专注于当下的感受，理解和接纳自己的情绪；也可以通过运动的方式缓解压力，放松情绪；还可以发展认知灵活性，从不同角度来考虑和合理解释问题，看到消极情绪带来的不利影响；与朋友和家人聊天、倾诉，以及掌握呼吸放松和渐进式肌肉放松技术等。学生可以根据自己的情况选择适合自己的方式，更好地掌控自己的情绪，提高情绪调节的能力。

在学业方面，主要问题是学习焦虑、学习动机不足、学习拖延等。学生普遍反映考试焦虑、紧张，担心自己成绩不理想，因为记不住知识点而烦恼和急躁等。咨询师针对听障青少年的不同诉求，给予相应的指导。例如，教给学生一些放松的技术，如深呼吸和正念练习，使学生能够在紧张的时候熟练运用，并给予学生恰当的心理教育，适度紧张有利于考试的发挥。还有的学生苦恼于自己总是记不住知识点，咨询师就引导学生结合自己的经验探索适合自己的学习方法，寻求内外的学习资源。

在社交方面，由于听障青少年自身的特殊性，在与同龄人建立和维持社交关系方面可能存在困难，同时也缺乏人际交往的技能和技巧。咨询师引导学生识别自己在不同人际交往情境中的表现、感受，学习人际交往的成功经验和策略等，鼓励他们参加特定的社交活动或组织，增强他们社交的信心。对于存在一定社交焦虑的学生来说，咨询师可以采用合适的技术，如暴露疗法、系统脱敏法、行为实验等，帮助听障青少年不断练习，缓解焦虑，增强人际交往的效能感，促进他们的人际适应。

在职业规划方面，部分高年级的听障青少年不确定能否找到适合自己的职业，也不知道该选择哪种合适自己的职业，对于自己未来的职业方向感到迷茫和困惑。咨询师可提供个性化的生涯规划指导，引导他们明确自身特点和兴趣，看到自身的优势和特长，积极探索合适的职业领域。然后鼓励他们通过多种渠道获得就业信息和资源，了解相关职业领域的就业要求和机会。之后根据自己的兴趣和特长明确未来发展的目标，如学习绘画的以后可以考虑成为插画师，有烹饪特长的以后可以考虑成为厨师，如果自身言语发展得比较好，同时喜欢教育事业的话，以后可以考虑成为听力康复师、聋人特殊教育教师等。同时，也引导学生根据当前的情况和未来的目标来制订可行的计划并付诸行动。

（四）学生科普手册

学生科普手册是听障青少年了解心理健康知识的自助类读本，旨在引导听障青少年认识心理健康，了解心理健康，关注心理健康，并通过科学的方法疏导、缓解心理压力，帮助听障青少年以更好的方式积极生活，促进他们的自我接纳。

在前期访谈调研的基础上，我们设计了针对不同群体的科普手册。《悦语强心话健康——小学生科普手册》和《悦语强心促发展——中学生科普手册》是分别针对听障小学生和听障中学生的科普手册，旨在帮助听障中小学生有效应对在成长过程中所遇到的问题和困惑。手册内容包含人际关系、情绪调控、行为控制、学业压力应对，以及未来规划等多个主题，每个主题包含若干具体的内容模块。以简明易懂的语言，结合丰富多样的故事、案例和实用方法，帮助听障中小学生发现解决问题的思路，引导他们寻找问题的解决方案，提高他们的掌控感和解决问题的能力。

具体而言，在人际关系主题中，"怎样才能交到好朋友"等聚焦于帮助听障学生学习如何恰当处理人际冲突，培养自信心和自尊心，建立起积极的人际关系；在情绪调控主题中，"愤怒的时候该怎么办"等帮助学生合理宣泄极端情绪，学习一些放松的技巧，消解愤怒和冲动等；在行为控制主题中，"如何管住自己不玩手机"等引导学生控制和管理自己的不恰当行为，发展健康的兴趣爱好，必要时寻求父母、老师的监督和帮助；在学业压力应对主题中，"考试焦虑怎么办"等引导学生们掌握缓解考试焦虑的方法，帮助学生分析现实情况，掌握放松技巧，理解并发挥适度焦虑的积极作用。在未来规划主题中，"我的未来在哪里"等协助学生们规划未来，帮助他们明确自己的兴趣和目标。借助个人成长计划、目标设定和职业规划等实用工具，引导学生们认识自己的优势和潜力，从而帮助他们制订明确的未来规划，并为实现自己的未来目标而努力。

以下是学生科普手册的部分内容。

示例1：小毛的困惑——怎样才能交到好朋友？

我是小毛，家里就我一个孩子，我经常感到孤独，很想交朋友。但是我不知道怎么向别人表达自己的想法。有一次，我想和小军一起玩，我就过去拽了一下他的衣领。可能下手有点重，他就生气了，怪我没有礼貌。我很难过，我只是想和他一起玩啊。

给小毛的回复：

我们都希望有自己的好朋友，但有时因为做法不当，不仅没有交到朋友，还可能会引起别人的误会。这里有一些交友小技巧，供大家参考。

①用热情感染别人。可以在生活中主动帮助别人，与别人分享快乐的事。

大家会觉得和你在一起轻松舒适，就会喜欢和你做朋友。

②学会换位思考。在行动之前可以先考虑一下，如果是别人这么对自己，自己是什么感受？我们可以去轻轻拉一下小军的袖子，告诉他我想和你一起玩。

③朋友之间要互相尊重、互相帮助。不要为了能够有一个可以一起玩的朋友，就盲目顺从对方的要求，委曲求全。好朋友之间是平等的、互相信任的，可以分担烦恼，也可以共享快乐，共同进步。

示例2：小丽的烦恼——如何拒绝别人不合理的要求？

我是小丽，我的同桌前段时间生病在家，落下了很多功课。下周全校要进行期中考试，她担心自己考不好，让我在考试的时候给她递答案。我认为这是作弊，是不对的。但是，我又害怕拒绝同桌，同桌会生气。我该怎么办呢？

给小丽的回复：

你的判断是对的，可以帮助同桌学习，但一定不能作弊。别人的要求并非都是合理的，我们不要勉强自己。我们可以尝试以下方法，来礼貌地拒绝别人不合理的要求。

①首先要调节好自己的情绪，不要因此感到愧疚和自责。考试作弊本来就是不对的，这样拒绝同桌没有错，所以不需要感到自责。

②倾听并向对方表示理解、关心和同情，理解同桌害怕考不好的心情。

③说明自己的想法，让对方知道自己拒绝的理由。引导对方换位思考，设身处地替自己想一想。

④为对方提供其他合理的解决方法。比如，可以帮同桌补习功课、提供笔记等。

听障青少年反馈，手册中主人公遇到的问题也是他们在生活和学习中遇到的问题，他们感觉到自己被理解和被支持，意识到不仅自己有这些问题，其他同学也会遇到类似的难题。他们可以从中获得解决问题的思路和技巧，也促进其更好地自我接纳。

(五)心理健康系列讲座

针对听障青少年开展以"成长：认知自己、引领自己、成就自己"为主题的系列讲座。聚焦听障青少年在生活、学习、人际关系、未来规划等方面常见的消极情绪和问题，帮助他们更客观地认识自己（包括情绪表现、应对方式以及认知特点等），根据自己的特点来引领自己，发现潜力，发挥特长，成就自己。系列讲座可以设置为主题班会的形式，每2～4周一次讲座，每次40～60分钟。讲授者可以是心理健康教育领域的专业人员，也可以是班主任或者学校的心理教师，手语教师或手语志愿者从中辅助。专题内容和呈现形式要根据所在学校听障学生的年龄、学段、身心特点等，由心理健康教育领域的专业人员、手语教师、学校心理教师等研讨后共同确定。以下是本书中对听障青少年开展系列讲座的主题内容。

首先，从情绪入手，关注学生日常生活中的情绪，以动画的形式让学生意识到消极情绪人人都会有，把消极情绪"正常化"。引导学生觉察到消极情绪对自己的影响，有些消极情绪持续时间短，程度也比较轻，这些情绪对生活和学习的影响不大，如果有些消极情绪持续存在，就要学会适当表达、宣泄。在讲座中引导学生采取合理的方式来表达自己的情绪。例如，可以采用深呼吸的方式，也可以采用运动、写日记、向家人或朋友倾诉等方式。如果仅靠自己难以调节，可以向老师、家长求助，并教给听障学生求助的途径。另外，通过恰当的例子让学生理解到"认知-情绪-行为"的相互关系：消极的情绪体验和适应不良的行为表现与功能不良的认知（如认知偏差、消极解释偏向等）有关，即一个人如何看待或理解某件事、某个情境会影响其情绪，进而会做出相应的行为，三者之间存在循环作用。如果习惯性地把事情往消极的方面考虑，我们也会变得越来越不开心；如果尝试把事情往积极的方面考虑，或许会产生不一样的结果。

其次，引导听障青少年学会自我接纳。自我接纳是指个体在情感和态度上能够接受真实的自我，自我接纳是影响个体心理健康的一个重要方面，是积极改变的开始。尤其对于特殊群体来说，能否积极地自我接纳关系着个体未来的发展和社会适应。因此，可以从以下方面提高听障青少年的自我接纳程度。第一，学会看到自己身上的优势和长处，而不是只局限于自身的缺陷。听力和言语缺陷的确会给自己的生活、学习以及未来的工作带来诸多不便，但也因此更少受到外界的干扰，可以更专注于自己，选择适合自己特点的发展领域，帮助听障青少年接纳完整的自己。第二，帮助听障青少年提升掌控感。听障青少年的消极情绪和问题行为往往也反映了他们不能很好地解决遇到的困难，缺乏掌控感。例如，有些学生拒绝去学校可能是因为不能处理与同学的冲突、学习跟不上、上课不敢举手回答问题等，他们不愿意出家门可能是害怕别人问自己话、看或笑自己等。通过事例，引导听障青少年练习应对的方式，一步一步地提高解决问题的能力，形成他们自己有效的应对策略。有些听障青少年会表现出愤怒、极度难过、攻击、痛哭等极端的情绪和冲动的行为，要引导他们觉察引发极端情绪的前提事件，避免这些事件的发生，可以起到提前预防消极情绪和行为的作用。

最后，引导听障青少年与外界建立积极的联结，提升其归属感和成就感。包括以下方面的内容：练习社会交往的技能，能够在日常生活和学习中建立和维持较好的人际关系；发展互助、合作、利他等亲社会行为的意识和能力，不仅向别人求助，也主动为他人提供帮助（我们在调研中也发现，有亲社会行为的听障青少年主观幸福感和价值感更强）；引导听障青少年树立目标意识，结合个人特点及未来的发展目标进行生涯规划，鼓励学生将目标具体化为周计划、月计划、学期计划等，并在同学之间分享交流。

通过上述系列讲座，可以促进听障学生的自我接纳，增强他们的目标感和生涯规划意识，有许多听障学生反馈"有目标之后感觉自己更有动力，生活中的困扰无形中也减少了很多"。这说明讲座具有积极的引领作用，使听障学生更关注积极发展。

（六）线上服务

为了更好地解答听障青少年及家长关于心理健康、家庭教育、家长自我照料等方面的疑问并提供自主便捷的服务，本课题依托微信公众号平台开发了一个针对听障青少年及家长的自主线上服务平台。

首先，服务平台会为听障青少年及家长提供一系列与听障相关的内容，包括听障青少年的最新研究成果、相关的心理健康知识、可行的方法和技术等。其次，该服务平台提供问答功能，旨在满足听障青少年和家长的特殊需求。听障青少年和家长只需要简单输入问题或者关键词，系统会自动弹出相关解答或推文。如果没有出现对这个问题的相关信息，家长和学生可以进入留言区，写下他们相关的困惑或问题，我们会通过文字或图片等方式，对他们关心的问题进行详细解答。最后，听障青少年及其家长还可以在发布的相关话题下继续针对该话题留言提问，课题组工作人员会在后台进行解答。

我们期待通过这个自主线上服务平台，为听障青少年及其家长提供更全面、个性化的心理健康支持，使他们在面对困惑和挑战时，能够获得充分的关怀和帮助。

三 教师专业提升与健康促进

具备良好的专业素质和心理健康水平的教师，是听障青少年心理健康服务的重要前提，对教师的培训与支持主要有伦理和心理健康教育技能培训、教师生涯发展指导、心理健康评估与关怀服务、品德与文化素养提升等。

（一）重视自身品德和文化知识素养

教育本身就是一种道德性活动（秦富, 付永存, 2021），教师作为教育实践的主体，必须具有良好的德行。教师应要求自己在工作、生活中保持正义、诚实、友爱等良好的道德品质，从而影响和带动学生形成优秀道德品质和行为习惯。教师自身的文化知识素养对于提高教育质量和学生素质具有非常重要的意义。因此，教师要树立终身学习的理念，持续广泛阅读书籍，增长专业文化知识，拓展心智视野，重视道德和文化素质的提升。

（二）关照自身的身心健康

前期调研发现，部分学校开展了针对教师心理健康的培训活动，但大部分还是基于教师专业能力的培训，较少关注教师群体的心理健康，部分教师自身压力难以得到缓解。基于此，我们开展了专门针对教师群体心理健康维护与自我关怀的讲座与指导，旨在缓解教师群体的心理压力，提高教师自我关怀的能力，提升教师心理活力。

1. 学校层面

学校应该把教师的心理健康作为学校工作的重要内容之一，教师的心理健康不仅关乎着教师个人，也关乎学校教育教学的质量，并最终可能影响学生个人的适应与发展。教师这一工作是高负荷和高消耗的，容易产生职业倦怠，因此学校要定期开展教师心理状况评估，根据不同教师的需求提供相应的辅导；采用专题培训、个体咨询和团体活动等多样化的心理健康服务方式；根据教师的需求设置具有普适性的培训，使教师掌握心理调适的方法，提升自助能力；加强教师团队的建设，增强教师间的互助作用；建立反馈评估机制，定期收集教师的意见和建议，优化健康服务方案。

2. 个人层面

首先，对自身的关爱。教育不仅需要教师的教育情怀和牺牲精神，更要以教师的身心健康作为支撑，只有保持良好的身心状态才能够充分地履行教学工作。因此，教师应关注自己的身心状态，必要时及时寻求专业人员的帮助；培养和坚持自己的兴趣和爱好，给自己喘息的机会；做好家庭与学校的分离与联结，保持工作与生活的健康边界，不将工作中的消极情绪"溢出"到家庭中，也不把家庭中的琐事带到学校里，在家就营造和享受与家人独处的时光，在校就做一名负责任的好老师，全心投入工作。

其次，促进自我发展和完善。教师要有自我发展和不断完善的意识，就能充分认识到自身的优势和不足，然后在工作中不断地调整这些不足，提升自己的胜任力。例如，一些教师能够意识到自己的消极情绪可能会通过课堂传递给学生，所以在来到学校、进入课堂之前，能够迅速调整自己的状态，给学生呈现好的一面。另外，积极的自我反思也是教师自我关怀的体现，能够推动自我成长和职业发展，觉察和反思也能赋予教师个人成长和职业生涯发展的动力和活力。

（三）教师技能培训

1. 掌握基本的心理学相关知识

听障青少年身心发展具有特殊性，教师在日常教学中不仅要关注专业学习与发展，也要关注他们在情绪、自我、人际关系等方面的发展需求。因此，教师要掌握基本的心理学相关知识。一方面，可以敏锐地发现学生存在的问题，及时采取相应措施，进行积极引导，帮助学生缓解困扰；另一方面，可以学会谈心谈话的方法，更好地与学生沟通，理解学生的需要，建立起良好的师生关系，为学生提供支持和帮助，促进学生的心理健康发展。

2. 要有问题识别和评估能力

教师要有问题意识和危机意识，并具备基本的识别和评估心理健康问题的能力。首先，可以观察学生的情绪、行为、身体、学习及人际关系等方面的表现及变化，比如，学生参与课堂的情况有变化，情绪波动，失去兴趣，精神紧张，睡眠质量差，行为异常等；其次，通过与学生的直接交流了解学生目前是否存在困扰及困扰的严重程度，初步判断是否需要介入干预。或者从其他同学、家长那里间接获得相关信息。如果发现学生存在心理问题，可以按照学校相应的工作程序，来帮助学生获得需要的心理帮助。

3. 关注积极方面

教师要有包容的态度，接纳不同学生的差异。除了看到学生的问题，也要关注学生的优势和潜力。学生在成长的过程中也形成了自己认知和应对策略，除了问题行为外，他们也肯定积累了好用的、有益的经验，只是有时并未觉察到这些积极的因素。教师要关注学生已有的积极经历和体验、目前良好的变化以及对未来的期待，这对于其他学生来说也是一种示范作用。

4. 遵守伦理规范

在进行心理健康工作的时候还需要严格遵循基本的伦理规范。根据《中国心理学会临床与咨询心理学工作伦理守则（第二版）》（2018）相关规定，要做到"善行、责任、诚信、公正、尊重"。不仅心理教师要遵守伦理规范，学校其他教师、社区工作人员等也要遵守。因此，教师等人员要明确知情同意、隐私权和保密性、专业胜任力和专业责任、教学、培训等相关内容，监督自己的行为，严格遵守伦理规范。

（四）促进课程教学和发展

心理教师的专业素养和教育能力是促进听障学生健康持续发展的关键。心理健康教育课程体系建设、教学活动设计，以及学校关于心理危机的预警和干预机制等，也是听障青少年心理健康的重要保障。首先，帮助特殊教育学校教师做好课程体系建设，综合考虑学校师资、培养目标、课时、主题、学生发展特点因素，辅助教师做好校本课程建设、实践活动课程等的设计，体现"教、学、做合一""教学与学生生活和实践结合""教学与学生发展目标相结合"等特色。其次，鼓励教师参与同行之间、高校及科研院所研究人员之间的学术交流和合作，开展教学类和科研类课题研究，以循证研究的思路来推进心理健康教学和实务干预工作。

四 家校合作共育

只有学校和家庭之间形成良好的互动和合作，才能更好地为孩子创造良好的教育环境，促进孩子的全面发展。因此，要以学校为主导，开展家校之间的合作共育，共同推动孩子的健康成长。首先，规范家校之间的常规交流与联系。双方基于学生的发展和满意度进行协作共育，交流的内容不仅仅局限于听障学生的学习和生活，还包含学生的身心发展、职业以及人际关系等领域；其次，格外关注有潜在心理危机或者严重心理困扰的学生，家校社医残要有常规的工作机制，日常预防、及时转介和治疗；最后，学校设立家庭教育指导服务站或开设家长学校，以线上或线下等方式为家长提供有关家庭、亲子、听障学生发展的知识，提供心理健康维护和问题干预的方法、技巧等。

关于家校合作在此只作简单介绍，其他内容在家庭服务部分会进行详细介绍。

 # 听障青少年心理健康的家庭服务模式

学校心理健康服务中包括了家校合作共育的内容，其中提到要通过家庭教育指导、家庭辅导与咨询以及家庭关怀等工作，更好地促进听障青少年的学校适应和社会适应。家庭是听障青少年最持久和有力的影响因素，通过帮助家长来帮助听障青少年往往会收到事半功倍的效果，有益于个人及家庭的幸福。

一、家庭服务的框架和内容

图6-3为听障青少年心理健康家庭服务模式图。家庭服务模式作为听障青少年心理健康社会服务模式的一个重要组成部分，主要包括家庭关怀、子女照料、家校社合作三个方面。其中家庭关怀主要体现在健康、就业、社会地位等方面；子女照料主要是指从医疗、心理、教育、未来发展等方面帮助家庭；家

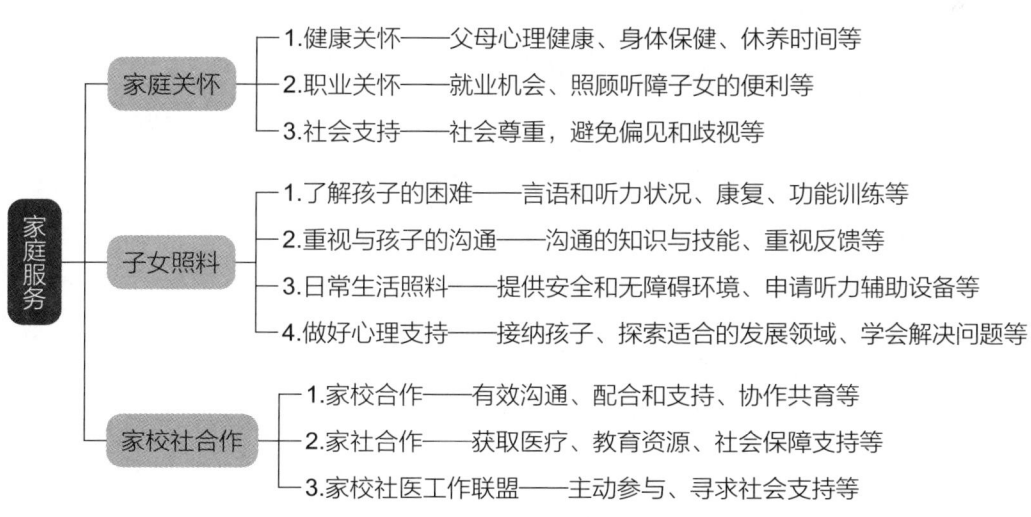

图6-3 听障青少年心理健康家庭服务模式图

校社合作主要是指家庭、学校、社区围绕听障青少年健康发展的合作，同样包括了教育、医疗、就业、安全，以及其他社会保障服务等。

（一）家庭关怀

听障青少年父母及家庭成员普遍存在身心健康问题，在访谈中我们发现，听障青少年的父母中有双亲健康者，也有父母一方存在听障或其他残疾情况。从整体上看，这些父母普遍存在焦虑、易怒、自我评价低、自责、内心不平衡、社交狭窄、就业机会少、经济压力大、遭遇歧视或偏见、身心疲惫等现象，也有部分家庭存在依赖救助的情况，缺乏自助自立的意识，难以发现和发挥家庭自身的优势。促进和保障听障青少年健康发展必须首先为家庭提供关怀服务。家庭关怀的主要内容和形式包括以下几个方面。

1. 帮助父母明确问题及解决目标

可以借助问题清单的形式，列出目前的压力、困扰的问题、影响程度、期望达到的目标等。例如，没有时间和精力照顾孩子，经济压力，缺乏帮助孩子康复的知识和技术，害怕别人的歧视和偏见，缺乏社会支持等。然后，将这些问题排出优先解决的等级，并列出期望达到的目标等。

2. 发现内外优势资源，提升解决问题的效能感

即使养育一个听力健康的孩子，也会遇到类似的压力和困难。帮助家庭根据问题清单来寻求解决办法，可以充分调动和运用家庭内部及外部的优势资源，切实解决问题，提升效能感和获得感。

3. 真诚地关照自己的身心健康

支持和鼓励父母善待自己，定期体检，在日常生活中照顾好自己的身体。帮助父母学会使用"幸福时刻表"，比如，为家人和自己准备美食、适当装扮和放松自己、享受一次推拿按摩、参加亲戚朋友聚会、散步或健身、保证充足的睡眠等。

4. 必要时寻求社会支持

对存在社交回避或者不主动求助的听障青少年的父母，通过心理教育，使其意识到"寻求必要的社会支持和社会保障是公民的合法权益，不应受人歧视"。帮助他们积极就业，或者在有困难时主动向工作单位申请必要的支持和帮助。

（二）子女照料

听障青少年在日常生活和社会交往中面临诸多挑战，家庭对他们要做到全面、个性化的关注和支持。具体来讲，可以从以下几个方面来进行。

1. 了解孩子的困难

一般来讲，听障青少年的困难主要受限于语言和听力。在语言方面，听障青少年的口语和书写能力较差，他们较难准确理解他人的语言表达。因此，要留意听障青少年的语言发展状况，以便提供相应的支持和帮助。在听力方面，听障青少年通常需要使用助听器，或者在一个特定的环境中才能听清声音。与此同时，很多听障青少年在感知音调、声音强弱和口音特征方面也存在困难，这会影响他们的语言理解和表达。因此，家长要关注听障青少年的听力状况，及时带领孩子进行听力检查及康复训练。

2. 重视与孩子的沟通

照料听障青少年时，沟通是一项非常重要的任务。家长可以主动向残联及康复机构寻求帮助，学习与孩子沟通的知识和技能，并注意沟通时的以下几个小技巧：第一，家长要尽量减慢语速，保证孩子可以看清自己的嘴型并理解自己要表达的意思。其次，家长要尽可能使用简单、明了的语言表达方式，避免使用复杂词汇和口语表达方式，减少沟通障碍。再次，为了更清晰地表达，家长可以尝试使用图片或手势等非语言表达形式。例如，当描述某个物体或概念时，可以配上图片或手势以帮助理解。最后，不要忘记确认他们是否理解信息，家长可采用重要的提示或关键语句让他们反馈，以确认信息是否被理解。

3. 日常生活照料

日常生活照料是家长照护听障青少年过程中的重要组成部分。家长要尽量提供安全、无障碍的环境，如安装各种安全警报器、关闭燃气和电气设备等，以保证听障青少年的安全。此外，听障青少年需要使用助听器或其他辅助设备来帮助他们听到声音。一方面，家长可以咨询所在社区、当地残联、相关康复机构，申请听力辅助器具。另一方面，在获得助听器等后，家长要带领听障青少年定期检查与维护，以确保其正常工作，使听障青少年能够正常听到声音，保证正常生活和学习。

4. 做好心理支持

心理上的支持对听障青少年的健康发展来讲尤为重要。首先，家长要无条件地接纳自己的孩子。美国心理学大师罗杰斯说："爱是深深的理解与接纳。"每个生命都是独一无二的，不存在完美的人，只有父母发自内心地接纳孩子，孩子才能不畏惧外界的眼光，真正接纳自己。其次，家长要教会孩子敢于坦然面对别人异样的眼光。我们不能决定周围的人对待我们的方式，但我们可以大大方方地做自己，孩子也将从父母的行为和态度中学会坦然面对。最后，要根据孩子的特点，一方面帮助孩子做好康复训练，另一方面也探索适合孩子学习发展的领域，鼓励孩子学习知识、技能，学会解决问题，学会与人相处。总而言之，生命各有不同，人生有顺有逆，有缘的一家人要相互关爱，彼此珍惜。

总之，家长的照料和支持对听障青少年的成长和学习至关重要。家长需要积极与学校、教育机构和其他相关人员沟通、协调，确保听障青少年得到他们需要的支持和帮助，在日常生活和社交中融入社会。

（三）家校社合作

每个听障青少年都是独特的个体，他们有着各自不同的需求。尽管学校能够为听障青少年提供思想品德、科学文化、心理健康等方面的教育，但对于某些方面（如绘画、手工、计算机、体育运动、舞蹈等）有特长的听障青少年而言，学校缺乏相关的支持资源。同时，多数家庭由于经济压力、缺乏有效途径等原因，也很难为孩子找到和提供这些"扬长"教育的机会。除此之外，很多听障青少年家庭无力负担助听器及后续听力康复的医疗费用，家长也不懂得如何更好地与孩子沟通，感觉生活"一团乱麻"。因此，家庭与其他单位或机构的合作尤为必要。

家庭作为最贴近听障青少年的一环，对听障青少年的优势发展极其重要。家长在生活中要注意认真照料孩子，及时发现孩子的需求和特长，当自身不能为孩子提供充足的教育支持时，要及时向社区、学校寻求帮助。当自身难以负担听障青少年的助听器及听力康复医疗费用时，需要向社区提出申请，寻求社区的支持和帮助。

家校合作对听障青少年的健康发展起着重要作用。学校接收到来自听障青少年家庭的教育诉求后，一方面要及时联系高校专业人员及职能部门统筹协调教育资源，满足听障青少年特长方面的资源需求；另一方面可以为听障青少年家长提供有关孩子的相关资讯，定期传达有关听障青少年发展所需要的积极信息，如相关法律和条例、教育资源、课程内容、课后补习资源开放时间等，尽可能满足听障家长的信息需求，加强合作共育，共同促进听障青少年的健康发展。

家社合作能够为听障家庭提供教育、医疗和社会保障支持。听障家庭向社区寻求帮助后，社区可以提供多方面支持。在教育支持方面，社区一方面可以为听障青少年提供无障碍的学习工具和资源，如文字资料、手语课程等，在课余时间为听障青少年提供教育支持；另一方面可以定期联系专业人员，如听力语言治疗师、特殊教育老师等，为听障青少年及其家庭提供支持和指导，帮助他们克服教育方面的挑战。在医疗支持方面，社区可以定期组织听力检测和筛查活动，及早发现听力问题，并帮助听障青少年及其家庭申请医疗补助，分担医疗支持和治疗的压力。在社会保障支持方面，社区可以组建听障青少年心理支持小组，提供心理咨询和支持服务，帮助他们应对社会和心理压力，促进心理健康；为听障青少年提供职业培训，帮助他们获得就业技能和就业机会；还可以与用人单位合作，提供适合听障青少年的职位和工作环境。

家校社医工作联盟的跨部门合作，可以为听障青少年提供全面的支持和资源，帮助他们克服因听力损失所带来的各类问题。家庭提出诉求，主动参与工作联盟，寻求社会支持；学校提供专门的课程和资源教室等，确保听障青少年能够获得适当的教育和支持；社会推动无障碍辅助设施的建设；医疗机构提供听力测试、治疗和辅助设备，确保听障青少年获得适当的医疗支持。

总之，家庭、学校和社会之间建立起有效的合作桥梁，可以为听障青少年的发展和家庭教育服务提供更多更好的支持，关注听障青少年及其家庭的需求，并提供具体而实用的服务，让听障青少年更好地融入社会大家庭。

二 家庭服务的实施

听障青少年心理健康家庭服务主要包含以下几个方面。

（一）举办健康知识讲座

学校举办听障青少年家长讲座，可以促进家长之间的交流，分享彼此的经验和困惑，共同探讨如何更好地支持听障青少年的成长和发展，并帮助家长了解适合听障青少年的家庭服务模式，开展相关的实践活动，提高家庭服务的质量和效果。

1. 带领家长了解听障青少年的需求和特点

作为家长，首先需要认识到，听障青少年是一类有着特殊需求和特点的个体。通过讲座，家长们可以了解关于听障青少年的相关知识和常见问题，以便更好地为自己的孩子提供关爱和支持。除此之外，家长还应该了解自己孩子的听力损失程度和具体情况，并根据这些特点为他们提供相应的服务和支持，如评估和修复听力障碍、为他们提供助听器等。

2. 提供良好的沟通环境

对于听障青少年而言，沟通是一项非常关键的技能。由于听力障碍的存在，他们在进行语言交流上可能会遇到挑战。鉴于这一点，家长可以营造一个良好的沟通环境，采用简单易懂、清晰明了的语言与孩子进行交流，并避免使用复杂的语言或者口语表达方式。同时，家长还应该设法提高孩子的表达能力和语言认知能力，如，通过游戏和教具等方式来帮助孩子拓展词汇、理解语言逻辑等。

3. 关注孩子的情感需求

听障青少年会面临情感困境，如受到周围人的排斥、得不到理解、孤立无援等。因此，家长需要积极了解孩子的情感需求，设法提高孩子的自信心和主动性，帮助他们充分融入社会。家长可以通过参与各种社交活动，帮助孩子建立与其他孩子的联系，以拓展他们的人际关系和互动范围。同时，讲座还可以从听障儿童教育和交流技巧等方面为家长提供相关的训练和帮助。

4. 提醒家长做好自我关照

带领家长关注生活中的幸福时刻，发现孩子表现好的方面。比如，孩子很懂事，会主动收拾餐桌、洗碗。可以用便签将生活中的温馨小事记录下来，贴在一面墙上，经常看一看。除此之外，家人之间要多进行有效沟通，意见不同时，要平静地与对方交流想法，增加了解，达成共识。如果发现情绪要失控，可以先暂时停止讨论，等双方情绪平静后再进行沟通。

（二）科普宣教

家长手册是听障青少年家长了解心理健康知识的自助类读本，旨在引导家长合理教育孩子、做好自我关照、通过科学的方法疏导和缓解心理压力，帮助听障青少年及其父母健康生活。

在家长访谈中我们可以发现，听障青少年的家长在养育孩子的过程中遇到了很多的困难，针对家长的教养压力、家庭压力等问题，我们编制了《爱自己，爱孩子》科普宣教手册，针对听障家庭在日常生活中常见的现象进行分析讨论，为父母提供心理、教养技能上的知识，帮助父母缓解因养育子女、工作、情感等压力引发的情绪和行为问题。家长们反馈这个手册通俗易懂，给他们带来很多启发，提供的小方法、小技巧很实用。学校负责家庭教育指导工作的教师也反馈这个手册很受家长欢迎。下面节选手册中的家长困扰及相关回复。

示例3：家长的困扰

我觉得我最近的生活一团糟。熬了好几个夜写的策划书，再一次被老板否定了。与孩子妈妈商量孩子的康复计划，我们俩意见不合，大吵了一架，好几天没有说话。孩子最近学习一直退步，老师给我打了好几次电话。想到孩子的未来，我就充满了担忧。我不知道为什么我要经历这些，难道是我的错吗？

给家长的回复：

当工作、生活、子女教育等问题一起出现时，往往会有消极的累积效应。如果我们总盯着不幸和不顺利的一面，只会使烦恼增加，矛盾激化。因此，我们不妨换个视角来看问题，在当下生活中感受积极态度带来的强大力量。

第一，要学会主动调整自己的心态，看到事情好的一面。比如，孩子学习退步，可能是因为学习难度加大了，他一时没有适应。但孩子没有放弃努力，慢慢地，他会赶上来的。

第二，关注生活中的幸福时刻，发现孩子表现好的方面。比如，孩子很懂事，会主动收拾餐桌、洗碗。我们可以用便签将生活中的温馨小事记录下来，贴在一面墙上，经常看一看。

第三，认真地对待生活。送自己一个礼物，或给家人买一束花，衣着整洁得体，房间干净明亮，认真对待生活，生活也会认真对待我们。

第四，家人之间多进行有效沟通。我们的共同目标是为了孩子的成长。意见不同时，要平静地与对方交流想法，增加了解，达成共识。如果发现情绪要失控，可以先暂时停止讨论，等双方情绪平静后再进行沟通。

（三）开展家庭亲子活动

家庭亲子活动能够促进家庭成员之间的沟通和理解，并为听障青少年提供更多的社交机会和支持资源。这有助于提升听障青少年的自信心和社会融入感，增进家庭成员间的感情。家庭可以从学校的家庭教育指导项目、家庭咨询服务、社区活动中学习亲子活动，或者自行学习或开展一些亲子活动。例如：

1. 手语角色扮演

根据故事情节和角色设计剧本，家长和孩子进行手语表演，通过模拟交流，增加手语的运用频率，帮助家长和孩子更好地理解手语的意义。手语角色扮演不仅可以帮助听障青少年及其家长学习手语，还可以使家长和听障青少年在游戏过程中加深了解、增进感情。

2. 手语烘焙

手语烘焙这一活动的好处就是，可以帮助家长和孩子在烘焙过程中边学习手语边学习烘焙。为此，家长可以选择一些简单的蛋糕或饼干的配方，与孩子一起进行烘焙，并在烘焙过程中，可以使用手语互相沟通和指导。

3. 亲子夏令营

家长可以带领孩子参加一些亲子夏令营活动。在夏令营期间，参与一些户外、团队和智力游戏等，在活动中进行手语学习，在锻炼手语表达能力的同时，增进亲子之间的良好关系。

总的来说，亲子活动可以给听障家庭创造理解与愉悦的氛围。在活动中家庭成员能够更好地互动和沟通，增强亲子之间的情感交流，更好地促进听障青少年的成长和发展。

三 家庭服务效果

对听障青少年家庭服务模式的效果，可以从家庭满意度、社会反响，以及支持机构的反馈等方面进行综合评价。

（一）家庭满意度

听障青少年家庭服务模式的家庭满意度是评估该服务模式的一个重要指标。满意度高表示家长认为该服务模式能够满足他们的需求，使他们在日常生活中得到支持和问题解决方案。在所访谈的家庭中，家长满意度达95%，他们认为最有用的服务项目主要包括心理健康科普、医疗和康复信息咨询、子女专业选择和就业。在访谈中，他们普遍表示被社会理解，没有被别人看不起，对未来有信心，对政策和社会有信心等，努力自发自助，不依赖不抱怨。以下是来自部分家长的反馈。

家长1：当我加入听障青少年家庭服务模式后，我发现这对我的孩子和我们全家都有很大的帮助。通过参与这些活动，我学会了更好地理解孩子的需求，也发现了更多支持他的方法。这个服务模式不仅提供了有用的资源和信息，还让我感到在这个过程中不再孤单，我和其他家长们可以互相分享经验和支持。我真心感激这个服务模式对我们全家的积极影响。

家长2：参与这个家庭服务模式使我更加了解如何帮助我的听障孩子。我们参与了一些提供技能训练和培训的活动，这些训练不仅让我更加熟悉如何与我的孩子交流，也让我的家庭更加团结。我们还参与了一些亲子活动，这让我们更能够理解其他家庭的挑战和经验。我感觉我的家庭从中受益匪浅。

家长3：我们真切地感受到了支持和关爱。在这个模式下，我的家庭得到了很多帮助，从专业建议到情感支持。我们有机会与其他家庭分享我们的问题和困惑，也找到了更多的方法来帮助我们的孩子。这个服务模式给了我们很多力量，也帮助我们更好地应对听障孩子带来的挑战。

（二）社会反响

听障青少年家庭服务模式在社会上引起了积极的反响。听障青少年家长普遍认可这种服务模式对于听障青少年及其家庭的重要意义，并对其发挥的作用给予肯定和支持。

许多学校、组织和个人积极支持和参与听障青少年家庭服务模式，包括社会团体、慈善机构、志愿者团体等。他们为听障青少年及其家庭提供教育资源、资金支持、志愿者服务和其他形式的支持。学校、社区和职能部门对听障青少年家庭服务模式也表示关注和支持，并希望能够把这种方式应用推广到更多的社区、学校和家庭，甚至是其他残疾人群体的心理社会服务。大家普遍认为这项工作有助于提高听障青少年及其父母的生活质量，激发其发展的主动性，促进社会融入。

（三）支持机构的反馈

相关支持机构主要指与听障青少年家庭服务模式紧密相关的组织和机构，如职能部门、学校、社区、康复机构等。支持机构的反馈可以帮助本研究了解听障青少年家庭服务模式在实际运行中的情况，发现并解决存在的问题。这可以促使该服务模式更加贴近实际需求和实际情况，提升服务的实效性及适应性。除此之外，支持机构还可以通过自身的优势，在社会上宣传该服务模式，从而吸引更多的听障青少年及其家庭加入其中。例如，支持机构可以利用宣传渠道，将服务模式进行宣传推广，向公众展示服务的优势和服务模式的创新点及成功案例。同时，他们也可以通过加强与其他社区、学校和机构的合作，共同推出各种活动，向听障青少年及其家庭及时介绍和普及相关的服务模式，从而拓宽听障青少年及其家庭的知识面，并让更多人了解服务模式的优势和成果。

本研究中，学校认为听障青少年家庭服务模式有助于建立包容性的教育和社会环境，能够支持听障青少年的学习和发展。康复机构认为听障青少年家庭服务模式有助于为听障青少年提供全面的康复和辅助服务，帮助听障青少年和家庭应对听力障碍的挑战，并在康复过程中全面发展。社区认为听障青少年家庭服务模式具有社会融合和支持作用，有助于听障青少年及其家庭能够更好地融入社区生活，并得到社区的支持。

综合来看，听障青少年家庭服务模式能够帮助听障青少年获得更多资源，促进自身发展。但要充分发挥该服务模式的优势，还需要在服务质量、服务内容以及服务方式等方面进一步完善和改进。

第三节 听障青少年心理健康的社区服务模式

在构建社会主义和谐社会的背景下,建设和谐社区,包括残疾人在内的所有居民都将成为和谐社会的创建者和社区服务的受益者(赵悌尊,张金明,2011)。虽然我国社区心理健康服务还很不完善,仍然处在探索阶段(谭慧,2016),但从社区服务的发展历程来看,我国也一直在强调社区服务的福利性,并提出一系列面向各类弱势群体和优抚对象的福利服务,如康复服务、残疾人庇护工场、就业中介服务、权益保护服务等(周良才,胡柏翠,2009)。这些服务不同于一般的商业服务,更强调其无偿性或低偿性。张蓓(2015)指出社区是开展残疾人就业服务的重要依托,为残疾人提供职业培训和相关交流的机会,同时也要对残疾人就业做好跟踪服务。

从2023年中国残联公布的《2022年残疾人事业发展统计公报》来看,截至2022年底,全国有残疾人康复机构11661个,残疾人各类托养服务机构数量达8906个,47.2万人接受居家服务,98.1%的乡镇(街道)已建立残联,99.1%的社区(村)建立残协;全国残疾人社区文体活动参与率由2021年的23.9%上升至2022年的26.3%。残疾人服务日趋"社区化",这既推动了残疾人社区保障体系和服务体系的创建与完善,为残疾人的日常生活提供了基本的物质保障,也为我国残疾人心理健康服务体系建设的"社区化"创造了必要条件。苏巧平(2006)认为专业的社会工作方法可以有效地为社区中的残疾人提供服务,例如,在社区内通过宣传栏、现场咨询、社区活动等形式开展相关的社区教育,帮助残疾人了解有关心理健康和心理咨询的知识,营造让残疾人平等参与社会生活的和谐氛围。社区语言训练可以帮助听障青少年改善表达能力(DiNino,

Holt, & Shinn-Cunningham, 2021），提供生活技能培训，通过建立榜样帮助听障青少年增加自信。在社区建立家庭帮扶（互助）小组，可以有效地帮助残疾学生提升生活能力，减轻家长负担。

综上，社区服务在福利资源筹集及供给、康复、就业、生活等方面起到了不可替代的作用，残疾人社区服务的开展能改善他们的基本生活条件，并帮助他们获取更多的社会支持。因此，借助社区服务的便捷性、灵活性及福利性，建立听障青少年的社区服务模式是促进听障青少年的身心健康发展的重要举措。

一 社区服务的框架和内容

图6-4为听障青少年心理健康社区服务模式图。社区服务主要包含三个方面：为家长提供喘息服务、筹集福利资源、创设共享共建社区。为家长提供喘息服务主要是为听障青少年家长提供身心关照，缓解其压力，提升家庭功能和

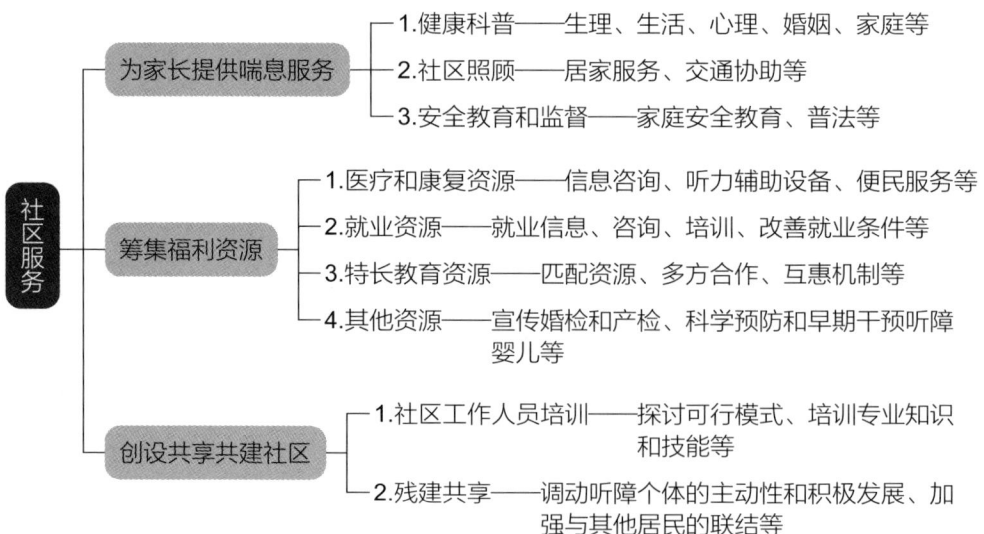

图6-4 听障青少年心理健康社区服务模式图

幸福水平；筹集福利资源包括医疗、教育、康复、就业、心理健康服务资源，能够更便捷、更有效地服务社区家庭；创设共享共建社区主要指培训和提升社区工作人员的素质和能力，创设多功能的融合社区。

（一）为家长提供喘息服务

1. 健康科普

社区可利用多种形式进行身心健康及家庭建设的科普宣传，内容包括倡导健康的生活方式、医疗康复训练、情绪健康和压力应对、婚姻和家庭等方面的知识，形式可以是讲座、专家现场咨询、社区宣传栏、社区公众号。宣传的主体可以是各领域的专家、高校和科研院所的志愿者，也可以是社区居民。尤其鼓励听障青少年家庭与其他家庭之间互相交流，彼此分享分担，促进特殊家庭正常化，也增加社区的包容性和凝聚力。听障家庭在一个包容的环境中，更可能从身体、情绪、个人规划与发展、与他人建立关系与连接等几个方面关怀自己。

2. 社区照顾

社区照顾是在社区中非正式关系网络（如亲戚、社区工作人员）与各种正式的社会服务机构（如医院、康复中心）的配合下，为有需求的个体提供服务。张甜甜和王增武（2011）认为社区照顾的惠及群体可以从老年群体扩展到社区中需要照顾的个体（或群体），如残疾人、弱势儿童等群体。社区照顾也可以应用到有需求的听障青少年及其家庭中。社区照顾主要包括居家服务、交通协助等。

（1）居家服务：提供部分家政服务，帮助家庭处理日常家务事务，如清洁、洗衣和烹饪，以减轻听障青少年家长的负担。

（2）交通协助：提供交通协助，包括安排交通工具或提供交通服务的信息，以便家长和听障青少年能够轻松前往所需的地点。

这些服务旨在提供针对听障家庭的个性化支持，以满足他们特殊的需求，使他们更容易参与社区和社交活动。

3. 安全教育和监督

听障青少年兼具残疾人和青少年的双重特点，相比于健听青少年来说，社会生活经验和识别能力较弱，生活和交际的圈子较窄。有研究发现，诈骗事件在听障青少年中发生的比例要远远高于在健听青少年中的比例（刘沙，2013）。因此，尤其要对未成年的听障青少年进行生命财产安全教育。社区工作人员可以根据听障青少年的特点有针对性地开展社区安全宣传教育，例如，用纸质版的安全防范宣传资料来代替安全宣讲，同时纸质版宣传材料要图文并茂、主题突出，可以印制一些易于携带和阅读方便的防诈骗小册子，或者为能够使用手机的听障青少年提供相应的安全教育App等。当前信息传播的形式更多元化，互联网被称为"第四媒体"，是人们获取信息的主要渠道之一，社区可以借助互联网向听障青少年传播防诈骗知识。另外，条件较好的小区也可利用社区局域网来进行安全防范知识的宣传（邱煜，王金鑫，2002）。

2023年10月1日起，山东省新实行的《山东省未成年人保护条例》坚持最有利于未成年人的原则，从家庭保护、学校保护、社会保护、网络保护、政府保护、司法保护、特别保护7个方面，全方位细化未成年人保护的制度措施。因此，也要加强听障青少年的生命安全教育，预防其伤害他人或者受到他人伤害，为他们提供所需要的心理、法律及其他保障安全的援助。同时，社区可以倡导邻里之间相互关照、互相监督，尤其要关照社区内的特殊青少年，预防安全问题的发生，构建更加安全、和谐的社区环境。

（二）筹集福利资源

1. 医疗和康复资源

《山东省残疾预防和残疾人康复条例》第二十八条提到，残疾人社区康复应该被纳入社区公共服务体系,加强残疾人综合服务平台建设,利用卫生服务站、卫生室等资源设立残疾人康复场所,配备康复设备,结合家庭医生签约服务为残疾人提供医疗、训练、护理、指导等康复服务。目前社区的康复服务更多体现在提供辅助器具或者帮助申请购置补贴。在对某社区和山东省残联的访谈过程中,我们了解到现在社区对于听障青少年的帮扶主要体现在物质生活方面,会帮助一些听障家庭解决实际问题。例如,社区会帮助一些困难听障家庭申请残疾补助。此外,社区每个月都会对特殊人群及家庭进行回访,关注身体健康(康复)状况、生活状况等。

2. 就业资源

对于听障青少年来说,获得适当的就业机会至关重要,有助于其实现独立和自主生活的目标。为了支持他们,社区可以筹集相关福利资源。

(1)职业培训:提供特殊的职业培训,帮助听障青少年获得所需的技能和资格,以胜任多种职业。这可以包括手语培训、职业指导和职场适应性课程。

(2)提供就业机会:为他们提供具有包容性工作环境的相关就业机会。

(3)职业咨询:提供职业咨询服务,帮助听障青少年了解自己的职业兴趣和能力,制订职业发展计划,并提供就业市场信息。

3. 特长教育资源

目前听障青少年普遍缺乏"扬长"教育资源,他们本身可能具有绘画、手工、体育、计算机等方面的潜力和兴趣,但学校更多提供常规的教育,没有资源来满足他们发展特长的需要,家长也缺乏相应的渠道和途径来帮助子女找到此类的特殊培训学校,有专项特长的人才又缺乏与听障学生沟通交流的能力。因此,社区可发挥灵活性强的联络功能,联系高校和科研院所拥有专项特长的师资或志愿者,以及社会机构的专业人员,在手语教师或者志愿者的配合下,定期为有特长和兴趣的听障青少年进行有针对性的"扬长"教育。同时,社区也要联合职能部门等，与提供特长教育的专业志愿者建立长期的互惠合作机制。

4. 其他资源

社区应以各种形式宣传婚检、产检的重要性。《山东省残疾预防和残疾人康复条例》第十二条提到：县级以上政府应当完善婚前、孕前、孕期、新生儿和儿童各阶段的出生缺陷综合防治服务体系，建立健全出生缺陷预防和早期发现、早期治疗机制，减少因出生缺陷导致的残疾。社区也应当充分配合该体系，宣传婚检和产检，通常早期医学可以检测出潜在的遗传或生殖健康问题，包括与听力相关的遗传因素。通过产检可以发现子宫内胎儿的听力异常，从而及时采取干预措施，产检还可检出危险因素，如病毒感染、药物毒性等。总之，开展婚检和产检宣传，可以提高准父母对听障的认识，增强对听障婴儿的预防和早期干预。

（三）创设共享共建社区

1. 社区工作人员培训

目前许多居民仍然不能或不愿意到社区进行康复，主要原因是社区康复体系尚未普遍建立，特别是缺乏专业人才，或者是专业水平不高（黄永禧，张金声，韩玲玲等，2009）。实践证明，进行基础性、阶段性和专题性的学习，同时结合临床实践并接受长期的继续教育，是解决我国目前社区专业人才短缺最行之有效的办法。但是从我们对山东省残联的访谈中得知，目前济南市相关专业人才短缺，同时也没有更多资源用于引进相关人才，对于听障青少年的心理健康确有忽视。因此，需要对社区工作人员进行专业培训，以最大限度满足听障青少年的心理需求。对社会工作人员的培训要结合社区本身的资源（如地理位置、人员配备、居民来源、可及的物质及社会支持等），要能够帮助社区借力生力，不要生搬硬套，强行开展不必要的培训。

首先，结合社会资源探讨可行的听障青少年心理健康社区服务模式及具体途径，这是培训的前提基础。

其次，进行心理学基础、个体发展、心理服务等专业知识和技能的培训，使社区工作人员具有关注多样化生命个体的理念、心理服务的能力和伦理意识。

最后，鼓励社区工作人员积极参加专业社工的学习和考试，增加社区交流并分享优秀的工作经验。从国外或国内其他城市引进先进的社区管理经验，并进行本地化的改进。

2. 举办残健共享活动

现代社区在为残疾人提供包容性生活环境的同时，还要举办社区活动来保障残疾人基本权利，并促进残疾人的社会参与。社区体育活动是社区活动的重要组成部分，在提升社区服务功能、促进居民身心健康方面具有不可替代的作用，体育活动不仅可以帮助残疾人身体康复，也可促进其心理健康，提高生活满意度，促进社区融合（杨桃，王国祥，邱卓英等，2019）。已有研究将信任背摔、团体协作、摸着石头过河这三个趣味活动融于聋人大学生体育课，发现这三项活动融入体育课之后，不仅可以锻炼身体机能，降低聋生敏感、抑郁和偏执等消极情绪，还可以增加班级凝聚力（黄起东，冯其斌，唐敏，2017）。社区因地制宜，举办一些趣味体育活动。活动项目可以包含个人项目、家庭项目、跨家庭合作项目等，既有助于增强社区居民的健康意识，还能增进社区邻里关系，提高对不同生命个体的接受和理解程度。

二、社区服务的实施

听障青少年及家长的心理健康社区服务主要包含以下几个方面的工作。

（一）心理健康讲座

高校、科研院所、特殊教育学校与社区合作，为社区家庭提供系列专题讲座，内容包括身心健康知识、自我关照、生活方式、人际关系、职业规划、个人成长等方面，以及关于危机干预的知识与方法等。

1. 身体关怀

充分重视自己的健康。比如，定期进行体检，注意饮食健康，养成健康的睡眠习惯，适当运动以增强体质。社区也要经常进行关爱身体健康的宣传，组织社区体检、社区运动会等活动，增强体质。

2. 情绪关怀

照顾自己的情绪。家长本身除了养育孩子的压力，还有来自工作、经济、个人发展等方面的压力，当遇到困难或者压力过大时，就会产生消极情绪并可能将这种情绪扩散到家庭生活中。家长要学会理解和包容自己，以适当的方式表达或宣泄个人压力和不良情绪。例如，利用社区里的休息活动室，进行冥想和瑜伽等活动，或者寻求社区工作人员的帮助，参加社区组织的沙龙活动，以舒缓自己的情绪状态。必要时，也可以寻求专业咨询的帮助。家长也要为自己设立专门的休息时间，做自己喜欢的事情，以缓解育儿和生活带来的压力和不良情绪。

3. 个人的规划与发展

如果过分地把重心放在孩子身上，那么家长就可能会忽略自己的发展。就像家长会支持孩子找到并坚持自己喜欢的兴趣爱好和目标一样，家长个人也需要找到属于自己的喜好和目标，既是为了自己的发展，也能够为孩子树立榜样。家长要结合工作性质、个人资源优势规划职业发展目标，探索目标实现的方法和途径，获得职业胜任感和成就感，这本身也是家长健康和幸福的重要来源。

4. 发展自己的重要社会关系

这种重要关系是除了亲子关系之外的其他关系。多数家长忙于每天照顾孩子，而忽略了与其他亲人和朋友的相处。与他人建立并且发展出良好的关系，能够给个人的发展带来有益的支持。因此，家长要维护好生活中的这些重要关系，使家长能够从这些重要关系中获益，减轻压力，舒缓身心，获得良好的自我感觉。特别是特殊儿童的家长，更可能出现社交缩小的现象。发展社会关系有益于获得归属感和社会支持。家长要将照料自己当做一种习惯，而不是偶尔的特殊福利。

（二）信息咨询服务

我们面向社区内的听障家庭开展了社区现场咨询，社区工作人员和咨询专家全程参与，为有需要的听障家庭提供恰当的指导和帮助。社区现场咨询通过提供简单的心理测评，帮助听障青少年及家长了解其自身目前的身心状况，及时发现存在的问题。对于存在心理困扰的家庭，咨询专家可以进行现场沟通和及时疏导。社区工作人员也定期邀请咨询专家与存在心理困扰听障家庭进行一对一的沟通交流，帮助听障家庭缓解心理困扰，促进听障家庭的自我接纳。社区工作人员也会定期走访听障家庭，了解家庭的情况以及是否需要后续帮助。

在社区现场咨询的过程中，我们还提供了一些常用的情绪调节方法，如经络疏通放松训练、呼吸练习等，以帮助听障青少年及家长缓解日常的情绪困扰。部分听障家庭由于自身的特殊性，可能会遭到他人的歧视。首先，家庭要做好自我接纳，接纳自身存在的缺陷，但同时更要看到家庭中的积极资源，不因为外界的看法而感到困扰或自卑。积极的自我接纳可以帮助他们建立自信、应对挑战，以及寻求支持和资源。其次，学会不理会身边的偏见和歧视，但如果遭受到严重歧视或权利被侵犯，听障家庭要积极寻求法律的支持，以保护自己的合法权益。

（三）社区人员培训

从对社区负责人和工作人员的访谈了解到，目前社区引进专业人员（社工、心理健康专业人员等）仍有较大困难，尤其是能够熟练使用手语与听障人士沟通的专业人员相对更少。部分工作人员虽然考取了心理社会服务相关证书，但是因为工作经验等因素，其胜任力仍无法满足现实需要。因此，对现有社区工作人员的专业培训尤为重要。对社区人员的培训方案包括尊重差异、平等发展的工作理念和听障青少年心理健康服务的专业技能。

1. 尊重差异、平等发展的工作理念

《关于印发"十四五"残疾人康复服务实施方案的通知》（2021）中提到，"以推动残疾人康复事业高质量发展为主题，以完善残疾人康复保障制度和服务体系为主线，以改革创新为动力，着力满足残疾人基本康复需求，提升康复服务质量，不断满足残疾人美好生活的需要"。社区工作人员要学习伦理规范，尊重差异和生命多样化，无条件地接纳社区内的残疾人群体，共情、包容、支持、促进，减少和避免偏见、歧视。在社区内要形成共识，获得尊重和平等发展是包括听障青少年在内的残疾人的合法权益。引导社区居民共同营造具有包容与接纳精神的社区氛围，促进社区的包容共生。

2. 听障青少年心理健康服务的专业技能

高校和科研院所的心理咨询专业人员定期为社区提供心理健康专业培训，帮助社区工作人员掌握初步评估听障青少年心理健康状况的方法、心理辅导的方法和技术、危机评估和干预的能力，并遵守伦理规范，在职责和能力范围内做好本职工作。具体包括以下几点。

第一，了解社区内听障青少年的特点和需要。社区人员需要了解听障孩子的语言、思维、学习能力、家庭环境等情况，理解他们在日常生活中面临的挑战和需要，给予针对性的帮助。第二，社区可以为听障孩子提供听力辅助设备。社区可以为听障孩子申请并提供助听设备，定期进行保养维护，给孩子真正提供便利，也便于与听障青少年进行有效的沟通和交流。第三，根据特殊家庭的需要，提供对应的支持和服务。社区人员应该建立专门的服务站，为听障孩子提供所需的支持和服务，包括语言辅导、学业辅导，促进听障孩子与其他孩子的正常交流等。第四，鼓励家长积极参与社区活动。通过家庭教育宣传、家长沙龙活动的开展，促进家长和听障孩子的积极发展，促使他们不仅接受社区的帮助，还能够运用自身优势和积极资源为邻里提供帮助，共建和谐社区。第五，宣传听障友好的理念。呼吁社区居民了解听障青少年的弱势和优势，消除偏见和歧视，推动社区形成包容、友好的氛围。同时，心理专家也定期为社区工作人员提供督导服务，提升其专业胜任力，保障听障青少年获得社区服务的福祉。

（四）社区文体活动

基于国内外社区工作的经验范式和实地考察，我们与社区工作人员共同设计了听障青少年可参与的团体活动文案，以下为设计的部分文案。

活动名称：美好社区——邻里交流会

参与人员：全体社区成员

参与方式：提前一周报名

活动目的：促进听障人士融入社区，拉近邻里关系

活动类型：趣味活动

流程设置：

（1）社区工作人员介绍本次活动的目的、规则、奖品等

（2）具体环节

环节1：你画我猜

● 规则：2人自由组队，其中一人通过志愿者在A4纸上给出的词语进行比画，另一人负责猜词，猜对一题记一分，限时5分钟。

● 词语库：切黄瓜、打羽毛球、打乒乓球、考试、拖鞋、电视机、手机、钥匙、汽车、电动车、摩托车、头发、眼睛、山、大海、猫、狗……

● 比赛设置：2人一组，同时开始5组，共进行5次；限时5分钟；规定时间

内得分最高的组获胜。

● 奖品：获胜组每人一盒鸡蛋，其他参与者也可以得到相应的礼物。

三 社区服务的效果

（一）社区家庭的反馈

通过家庭访谈，了解听障家庭在社区服务模式实施过程中的满意度，便于及时发现问题和不足之处，进一步提升服务质量和水平。

家长A：我们非常感谢你们为我们提供的支持和帮助。社区也能积极倾听我们家长的需求和期望，帮助我们辅导孩子，还经常组织社区活动，让孩子可以在愉快的氛围中娱乐和学习，这些都给我们带来了很大的帮助。但是有时候，社区服务的时间不够灵活和充分，希望机构可以更好地配合家庭的时间和孩子的需求，进一步提升服务质量和水平。

家长B：我们很愿意支持和参与你们的活动，对于提供的辅导、培训和讲座，我们都很满意，孩子也能在这里找到归属感，同时也更有自信心与其他人建立联系。我们作为家长，也感到轻松了很多，社区能够帮我们看孩子，还能给我们提供相关课程去学习，我们觉得自己比之前更积极了。

（二）社区听障青少年的反馈

听障青少年是社区服务模式的核心受益者，其个人满意度反映了服务质量和效果。这些反馈结果能够帮助我们及时全面地了解社区服务质量、提升社区服务能力及功能，同时也有利于更好地激发社区服务的内在动力和需求，为提高社区服务的质量和效率提供有力保障。

听障青少年A：志愿者老师教我们如何和别人沟通，如何恰当地表达自己想说的话，当和别人产生矛盾时应该怎么办，很有帮助。我也特别喜欢参加社区服务组织的各种活动，这些活动能够帮助我认识其他朋友，我也曾经在一场活动中认识了新的朋友。

听障青少年B：社区服务给了我很好的机会跟他人学习和交流，我很喜欢这里的邻居和小伙伴。在这里，我学到了很多知识和技能，服务站的老师总是很耐心地解答我们的问题和疑惑。社区还教给我们遇到困难该如何去求助，心里不高兴了该怎么做，我们觉得很有用。

（三）社区工作人员的反馈

社区的相关工作人员对于所进行的心理健康社区服务给予了反馈和积极的评价，同时也为我们提供了相关建议。

参与社区服务的听障家庭数量增加了，一开始只有一个家庭愿意参与，随着社区服务的逐步深入，也带动了更多的听障家庭参与进来，通过对参与服务的家庭进行满意度评分，发现80%的参与家庭因此受益，并且认同这种服务方式。同时，这些社区服务也吸引了很多普通家庭的关注，增强了普通家庭对于这种特殊家庭的理解和接纳，社区的氛围变得更和谐，说明你们的这种心理健康社区服务做得还是比较到位的。建议在今后开展此类服务时，辐射面可以更广一些，除了面向听障家庭，也可以面向其他残疾人家庭，使其他残疾人群体得到同等的关注和重视。

（四）高校及科研院所专家反馈

高校及科研院所从事心理健康教育、特殊教育以及心理咨询和督导的专家，对心理健康社区服务给予了反馈，指出这种社区服务给家庭和社区带来了积极改变，同时也提出了相关建议。

听障青少年心理健康社区服务的开展过程中，听障家庭和社区工作人员发生了质的改变，参与服务的听障家庭从无到有，从被动到主动，从接受帮助到愿意主动助人；社区工作人员从不重视、低参与，到主动接受专家督导，积极询问后续工作的开展，并开始参与社区服务课题，主动提升专业胜任力，请教如何撰写相关的公众号推文等。

（五）残联和民政部门的反馈

残联和民政部门的相关人员对所进行的心理健康社区服务予以反馈和评价，他们积极认可这种合作模式，同时也提出了建议。

高校专家进社区送知识、送技术、送理念，是社区服务质量提升的重要举措，有效缓解了社区专业人员紧缺、服务不到位、有心无力的现状，满足了普通家庭和特殊家庭的心理健康需求，同时也突出了身心健康发展与日常生活关照的重要性，高校借助课题研究推进社区服务质量提升，是值得提倡的互惠互利的合作机制。建议今后开始活动时，能够在高校为社区人员提供系统学习和继续教育的机会，也期待能进一步推进学校、企业、医疗及康复机构能够以社区为基地开展系列主题活动，形成常规化和系统性的工作机制。

# 第四节 反思与建议

听障青少年心理健康社会服务是一项长期的系统性的工作，在国家法规政策的支持下，需要民政部门、残联、卫健委、社会机构、家庭、学校、社区等各领域主体的协作联动，也需要听障青少年自身的积极主动参与。健康中国战略下听障青少年心理健康社会服务的多主体协作模式响应和践行了全民健康的战略决策，在实施的过程中体现了大健康观、融合观、系统观，遵循了客观性和科学性等原则，课题研究取得了显著的效果，为包括听障在内的残疾人心理健康社会服务模式提供了可参考的依据。反思课题研究的过程，以听障青少年心理健康社会服务为例，我们提出了关于特殊个体心理健康生命全程社会服务的模式和相关建议。

一　听障青少年心理健康社会服务多主体协作模式的特色

（一）在总体研究设计上，体现了大健康视域下多元融合的系统理念

健康中国战略强调全民健康，这是一种倡导国民身体健康、心理健康、社会适应良好、道德素质提升等的大健康观。任何个体的心理健康发展都不是单一因素促成的，是个体与环境、社会经济文化发展等因素共同作用的结果。听障青少年心理健康社会服务是一个跨领域、跨学科、多主体、多部门协作的系统工作，具有整体性、层次性、程序化的特点。整体性表现在相关职能部门、高校、科研院所、特殊教育学校、社区、家庭各主体构成协作联动的整体，各组成部分分工协作，相互补充、相互支持，具有效果整合的功能。层次性体现

在各个主体领域内心理健康服务的内容和形式上。学校领域内包括学校心理健康教育的整体规划、对学生和教师的工作、家校合作、家校社医残的联合工作等；社区服务工作包括整合社会资源、建设共享无障碍社会、人员培训、家庭关照等；在家庭服务方面，包括为家庭提供喘息服务、心理咨询服务、健康服务、教育支持、就业支持等。程序化是指各领域开展的心理健康服务遵守科学性、客观性和差异性等原则，从人员分工、时间安排、活动内容等方面均按照工作流程有序进行。听障青少年心理健康社会服务是基于各主体协作的机制和体系，核心目标是促进听障青少年的心理健康发展，共同参与社会共享共建。

（二）在服务内容上，强调积极发展与问题干预相结合

首先，基于各主体所具有的优势资源及功能来开展服务工作。在听障青少年心理健康工作中，每个独立的主体均具有独立职能，有相对固定的工作范围，要适当整合各主体领域之间存在的分工协作问题、专业技术人员的互补问题等，实现功能的优势整合。

其次，在针对听障青少年的心理健康服务上，突出认知干预和社会技能训练。

与同龄健听青少年相比，听障青少年的心理健康水平整体上相对偏低，心理健康问题检出率相对较高，存在躯体化、焦虑和抑郁情绪，以及消极解释偏向。试图消除或缓解听障青少年存在的每一个心理健康症状是非常困难的，这种"问题取向"的干预甚至可能引发其他的问题，还可能使个体有意识地放大自己的问题。因此，本课题采用积极取向的干预模式，聚焦听障青少年自身及外部环境中的积极资源，基于影响心理健康的共同因素，强调促进其认知上的积极转变。例如，发展思维的灵活性，从多个角度来理解所遇到的困扰；引导听障青少年理解和接纳现状，鼓励其独立解决问题并获得效能感和自信等。同时，也采用团体辅导、个体辅导和咨询、实验干预及其他方式帮助来访者矫正

错误或偏差认知，建立更符合现实的认知。

由于言语听力功能受损，听障青少年存在不同程度的沟通和表达问题，其社会性情绪也落后于同龄的健听群体，在人际关系、社会生活适应上存在较多困难。对不同年龄段的青少年进行社交技能训练，帮助他们掌握基本的沟通交流技巧，应对人际交往中的困境，可以帮助他们解决同伴冲突，获得同伴的接纳和支持，也会消解他们参与社会生活的担忧和焦虑。这种方式也会增加听障青少年的合作和助人行为，使他们能够选择恰当的行为方式来解决人际关系问题，有助于其社会适应和社会融入。

（三）在评估方式上，采用多主体形式的量化和质性评估

在听障青少年心理健康及社会服务现状的调研上，本课题采用了结构化问卷测量和质性访谈的方式。其中，通过听障青少年自我报告获得量化数据，分析其心理健康的特点及影响因素；通过对学校、家庭、社区、残联、民政部门、康复机构等的访谈了解目前听障青少年心理健康社会服务的现状、存在的问题和挑战，最终形成初步的工作方案。

在听障青少年心理健康社会服务的实施效果评估上，采用了教师、学生、家长、社区工作人员等多主体的质性评估反馈，以及对于学生认知、情绪改变的量化评估。具体而言，由听障青少年对自己的积极情感、消极情感、社会适应、解释偏向、接受干预服务的感悟和体会等进行量化和质性评估，团体辅导的领导者、学校教师对学生在团体辅导中的参与度和变化情况予以反馈。

总体而言，量化评估可以提供更直观、具体的数据结果，各主体反馈的信息更有助于深入了解各项心理健康服务的有效性、听障青少年的参与和喜欢程度以及可能存在的问题等。量化和质性相结合的多主体评估方式可以综合探究心理健康服务模式实施前后听障青少年心理健康等方面的变化，从不同角度了解听障青少年心理健康社会服务的现状和未来需要，进一步完善服务模式。

二 多主体协作模式构建和实施中的局限

（一）与听障青少年沟通和交流的局限性

在前期问卷调研、访谈以及后续的心理健康服务实践中，提前考虑了可能存在的问题并做好应对准备，例如，准备了手写板、纸笔、语音转换软件，配备专业的手语教师或志愿者等。但在面对面与听障青少年沟通和交流时，仍存在较多困难。绝大多数听障青少年可以通过上述方式顺利完成问卷和访谈，积极主动地参与团体活动。但也有少数初中阶段的听障青少年认知理解力相对较差，不会使用标准手语，听力受损较严重，即使在手语志愿者的解释下也不能很好地理解问卷内容，在团体活动中参与度较低。他们在使用手写板或纸笔交流时，也不能写出完整的内容，有时词不达意的情况，难以准确地表达自己的想法。这种沟通和交流上的局限性使少数听障青少年未能得到及时的关注。

（二）部分听障青少年参与的主动性较差

在学校团体心理辅导的过程中，一小部分听障学生参与的主动性和积极性不足。在后续的访谈中我们了解到，有的听障学生本身性格比较内向，更喜欢个人独处，不喜欢参与团体活动；还有的可能是缺乏必要的社交技能，在团体互动时不知道如何表达自己的想法，缺乏对小组内同伴的回应；还有个别学生存在智力方面的问题或是不会使用标准化手语，很难真正参与到集体活动和任务当中。这在一定程度上也影响了团体辅导的整体效果。但出于教育公平的考虑，同时也避免少数听障学生有被拒绝和被歧视的感受，团体辅导仍采用了全班参与的方式。

（三）难以评估服务主体及方式的独立作用

听障青少年心理健康社会服务模式中包括多个主体的共同参与，各主体均有独特的贡献和分工,彼此之间相互配合、相互补充,在工作内容和形式上也存在相互交叉,很难具体区分这些主体在心理健康社会服务中的独立效果。另外,在对心理社会服务模式的实施效果上采用了量化和质性相结合的多主体评估方式。但严格来说,这种评估方式不能区分不同团体辅导主题或不同干预技术的独立效果,无法比较各自的优势。

心理健康服务依赖于多个因素的综合作用,但不同的服务主体、内容、形式等可能对心理健康的某个方面具有特定的意义和作用。因此,探寻科学合理的、具体化的服务和评估方式,可能有助于提高听障青少年心理健康服务的经济性和时效性。还可以通过设立多个实验组的方式,探究不同服务主题和方式的效果。

(四)社会对听障群体存在偏见

残疾人事业越来越受关注,人们对听障及其他残疾人群体也更为接纳、包容、理解和尊重。但对于一些健听者来说,他们仍对听障群体持有偏见甚至是歧视。除此之外,听障青少年由于听力和言语障碍,可能无法准确地接收和理解他人的信息,甚至可能会产生误解,导致人际冲突,这也会强化人们对听障的污名化。因此,在社会生活中,还需要通过宣传教育,使社会减少对听障等残疾人群体的污名化和歧视现象,增进理解和接纳,这既是社会文明进步的标志,也是对全民健康理念的践行。

(五)各主体之间的联动不足

在听障青少年心理健康社会服务的实施过程中,各主体之间的协作联动比较困难,缺乏一个统一的协调机制。因此,在实施服务时,需要加强各执行主体之间的协调与合作,以建立更紧密的联动机制。同时,职能部门应强化沟通和协作,共同致力于服务项目的落地实施和质量监测。

三 对策和建议

（一）关注听障青少年的积极品质发展和素质提升

目前，各国不仅关注听障等残疾人群体的病理学研究、临床治疗、康复训练、社会安置与救助等基本生存问题，其心理健康、素质提升及其他精神层面的发展与需求也受到普遍重视。《世卫组织2014～2021年全球残疾问题行动计划：增进所有残疾人的健康》倡导促进实现残疾人的最佳健康、功能、福祉和人权。我国系列法规和政策均强调要重视培养残疾人自尊、自信、自立、自强的精神，培养他们积极融入社会的意识和社会适应能力。因此，在听障青少年心理健康社会服务中不要过度关注其身体的残障和局限而"避短"，要发展其潜力和优势来"扬长"，要对听障等残疾人"赋力增能"，促进其积极发展。

首先，帮助听障青少年发展自我关照的能力。听障青少年可以结合自身的实际情况来调整和改进保持身体健康的生活方式，如适当运动、充足的睡眠、均衡的饮食以及适度放松等。观察自己的情绪和行为变化，积极自助，必要时寻求专业帮助。

其次，帮助听障青少年发展与社会联结的能力。有的听障青少年出现社交焦虑和回避社交的情况，不仅是因为害怕被负性评价，很大程度上也可能与其缺乏社交技能、在与人沟通上受限有关，学校、家庭、社区等可提供社交技能训练，帮助听障青少年学习人际交往技能，缓解人际冲突，增强与他人或环境建立联结的能力，这也是促进其环境适应和社会适应的重要条件之一。

再次，帮助提高听障青少年发展生涯规划和行动的能力。学校、家庭、社区等可以帮助听障青少年使用就业网站来掌握就业市场信息，以及有关特定行业、企业的背景信息，以便他们选择自己最感兴趣的领域或行业。培养他们的求职技巧，如简历撰写、面试技巧、相关软件操作等；可以通过生涯规划指导和训练课，帮助听障青少年探索其潜力、兴趣和优势领域，以及不足之处，确立生涯发展目标和行动计划。

总之，听障青少年不能沉溺于自身的缺陷和残疾中，要在接纳的基础上发展潜力和优势，培养公民责任感，获得建立社会关系的联结能力，提高自我实现的能力，以社会建设者的身份来享受社会发展成果，增强信心和获得感，在共筑中国梦的进程中实现幸福人生。

（二）强化预防和主动干预

心理健康社会服务应致力于加强对听障青少年心理健康问题的预防和早期干预。通过提供更广泛的心理健康教育、心理支持和社会支持网络，帮助学生更好地应对挑战和压力。

首先，学校作为开展心理健康教育的主阵地，要建立常规化、系统化的心理健康教育机制，通过心理健康活动课等形式普及基本的心理健康知识，教给学生自我调适的方法和技术，鼓励学生在遇到困扰时及时求助学校老师、家长或同伴；建立学生心理健康信息档案，进行常规的"心理体检"，及早发现、主动干预；设立危机评估、预警和干预机制，建立家校社医残联系机制，尤其与医院建立心理危机转介的"绿色通道"，确保学生在有危机的时候能够及时转介，获得科学、规范的治疗。家长要关注听障孩子的情绪变化，在孩子出现困扰的时候及时提供必要的支持和帮助，避免问题变得更加严重，并与学校保持联系，掌握孩子的动态情况，尤其是学习、情绪、行为、人际交往等方面，以便出现问题时能够及时采取相应措施。社区可以积极开展以"普特融合"为主题的社区活动，增进普通家庭和特殊家庭之间的交流与分享，消除彼此的隔阂与偏见，构建无障碍友好社区。

其次，要建立专业化的心理服务队伍。对听障青少年心理健康问题早发现、早干预的前提是要有专业人员的参与和支持。在学校层面上，目前特殊教育学校中能够熟练使用手语的专职心理教师十分稀缺（郭爱鸽，2015），当听障青少年遇到问题向心理教师寻求帮助时，可能会由于沟通不畅，导致双方很难充分理解对方所表达的意思，最终难以缓解或解决听障青少年的困扰。而听障青少年更倾向于与心理教师之间进行直接的交流，而不是借助手语翻译员或语音转换工具。从咨询关系和咨询效果上看，直接沟通是最为可取的方式。这就要求学校在选拔、配备和培养听障青少年心理健康教育专兼职教师时，既要考虑专业能力，也要考虑手语水平。

最后，社区工作人员也兼具心理健康社区服务的工作责任。社区应该设立心理健康服务中心，配备具有心理健康背景的专业人员，组建心理服务队，向居民普及心理健康知识，消除居民对于心理问题或心理疾病的病耻感，帮助居民正常看待心理困扰、心理疾病，以及学会寻求专业人员的帮助，为社区居民提供必要的心理健康服务。尤其是对听障等残疾人及其家庭，社区应该给予他们更多的关注和帮扶。社区工作者可以通过定期家访或者电话访问的形式来了解他们的状况以及需要的帮助，为有需要的孩子和家庭提供必要的心理服务或协助，解决其现实困难。鉴于心理咨询专业人员相对短缺，可以几个社区联合组建心理服务队，或者与高校、科研院所等专业机构建立实习实践的合作关系，接收专业的本科生和研究生实习实践。也可以充分利用本社区的资源，吸收有专业、有经验、有爱心的居民加入心理服务队。

（三）适当使用互联网及新信息技术

随着互联网的普及和新信息技术的快速发展，对听障青少年的心理健康社会服务也应顺应时代发展，恰当使用网络和信息技术手段，使社会服务更高效、便捷和安全。

首先，建立不同层次的听障青少年心理健康社会服务的信息网络体系。主要包括以下内容：关于听障青少年心理健康相关的法规、政策等文件；国内或省内听障等特殊人群心理健康教育的专业资源库（如可公开的调研报告、文献数据以及专业人员等）；适用于听障群体的常用研究工具、心理自助的方法、寻求心理援助的途径等。该信息网络体系可以关联民政、残联、卫健、学校、康复机构、社区等官方网站信息。尤其是在危机等突发事件出现时，信息网络体系更有助于快速集结专业资源，更有效地应对和干预危机。上述各系统可根据各自的工作范围有针对性地建设本系统或本单位的信息网络亚体系。不同层次的信息网络构成一个完整的体系，实现资源共享、信息互通，形成心理健康社会服务的大数据库。

其次，具体到特殊教育学校而言，除了日常的心理健康教学活动外，可以建立网络心理课程，以图文、动画、短视频等形式向学生介绍身心发展的知识、心理调适的方法、趣味性的心理测试（如职业倾向测试、性格测试、气质类型测试等），还可以根据学生的需求举办线上专题讲座等。学生可以根据需要自行选择网络课程中的内容模块，但线上课程不能取代线下常规的心理健康教育活动课。

再次，适当开展网络心理咨询。随着互联网的发展，网络心理咨询逐渐成为一种新型的心理咨询方式。有的听障学生存在病耻感，担心自己去咨询室求助会受人议论和歧视，他们会倾向于选择线上咨询。咨询师一定要在首次咨询时进行全面评估，一般情况下，求助的听障来访者应没有危机、心理困扰程度较轻、可以有基本的听说能力等。对于危机个案、听力和言语受损严重者、心理症状较重者，均不适合进行线上咨询。线上咨询要严格遵守相关伦理规范，对学生的个人信息严格保密，确定求助者所在的地方是否安全，要求学生提供真实姓名和紧急联系人的有效联系方式等。线上咨询过程中也要进行动态评估，如果发现学生存在特殊情况或者出现了心理危机，学校心理咨询师也需要突破保密原则，及时联系学生的家长和班主任老师，将求助者的生命安全和健康福祉放在首位。因此，学校或者社区可以尝试使用线上心理咨询，但要由专门的心理教师负责管理和运行，并提供定期的督导。

需要注意的是，无论是网络信息系统、线上课程还是网络心理咨询，都要严格遵守伦理规范，确保网络安全，充分保障听障青少年的权益。

（四）大健康视域下多主体协作的毕生发展社会服务模式

本课题组基于对听障青少年心理健康及其社会服务的理论综述和实证研究，以我国相关法规政策为指南，以生态发展系统理论为框架，构建了听障青少年心理健康社会服务的多主体协作模式，并以学校、家庭和社区为试点进行了实践。多主体质性和量化评估的结果显示，在职能部门的统筹协调和高校、科研院所的学术引领下，在学校、家庭、社区所开展的听障青少年心理健康社会服务效果显著。基于对这一模式优势特色和局限的反思，参照职能部门及特殊教育和心理健康领域专家的建议，对本课题组最初构建的服务模式进行了拓展，形成了"大健康视域下听障群体毕生发展社会服务的多主体协作模式"，如图6-5。

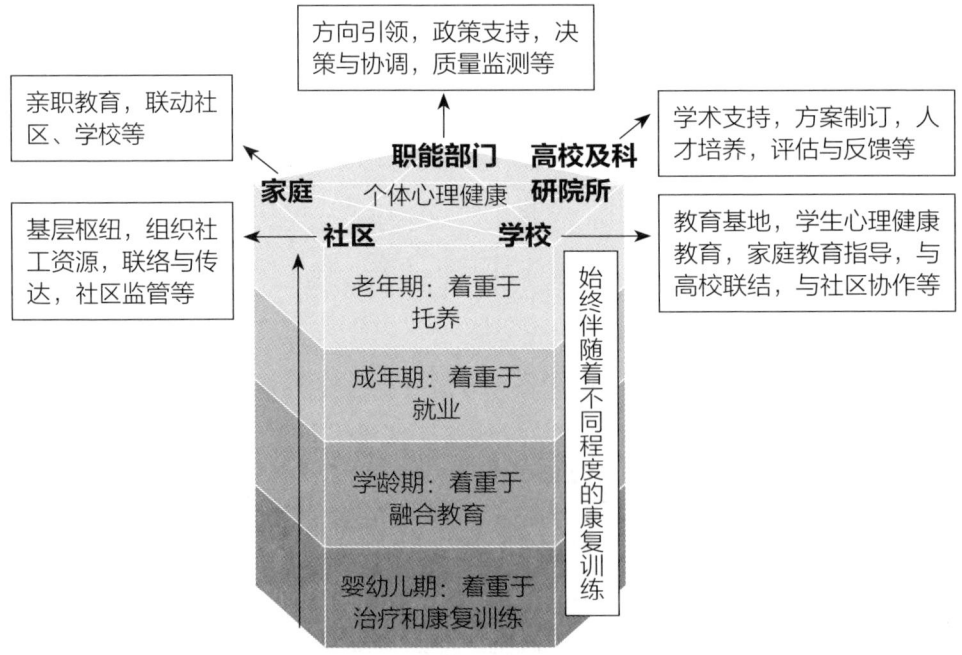

图6-5 大健康视域下听障群体毕生发展社会服务的多主体协作模式图

首先，大健康观包含着全民健康，指健康中国战略下全体国民的身心健康和良好发展。就心理健康领域而言，包括听障青少年自我发展、情绪适应、行为适应、学校适应、社会适应的良好发展，以及思想道德素质的健康发展。

其次，多主体协作是指职能部门、高校、科研院所、学校（特殊教育学校和融合教育的普通学校）、社区、家庭等主体的分工协作。在内容上，心理健康的社会服务涵盖了法规政策、康复、教育、就业、托养等多个主题内容；形式上更具多元性，如科普教育、心理筛查、课程教学、团体辅导、个体辅导与咨询、家庭指导、讲座等，不同的服务形式在学校、家庭和社区中各有侧重，还包括线下和线上等实施途径。

最后，关注听障个体的毕生健康发展。个体的健康发展贯串生命全程，在每个阶段各有侧重，对于听障等残疾人群体而言，婴幼儿期的健康发展着重于早发现、早治疗和规范的康复训练，学龄期的发展主题着重于融合教育及职业技术教育，成年后的发展主题包括就业、家庭建设等，进入老年期后着重于托养。在毕生发展过程中，始终伴随着不同程度的康复训练。毕生发展的心理健康社会服务模式与生态发展系统理论相契合，与个体的发展特征或人生主题相关，根据个体年龄增长和社会保障服务的发展完善而有所变化。

参考文献

［1］ 张曼丽.健康中国战略视域下学校心理健康教育体系的建设［J］.中国多媒体与网络教学学报（上旬刊），2018，（3）：165-166.

［2］ 俞国良，侯瑞鹤.论学校心理健康服务及其体系建设［J］.教育研究，2015，36（8）：125-132.

［3］ 中华人民共和国教育部. 教育部关于印发《中小学心理健康教育指导纲要（2012年修订）》的通知［R］. 2012-12-11.

［4］ 边昊天. 对学校心理健康教育体系化建设的若干思考［J］. 中小学心理健康教育, 2020,（11）：34-37.

［5］ 俞国良, 王浩. 大中小学心理健康教育一体化：理论的视角［J］. 教育研究, 2019, 40（8）：108-114.

［6］ 樊富珉. 团体心理辅导［M］. 上海：华东师范大学出版社, 2010.

［7］ 祝一靖. 听障儿童自我意识情绪的认知发展研究［D］. 昆明：云南师范大学, 2019.

［8］ 罗玲. 初中听障学生语文微课资源设计研究［D］. 成都：四川师范大学, 2018.

［9］ 秦富, 付永存. 道德素养：优秀教师成长不可遗失的方向［J］. 求学, 2021,（24）：63-64.

［10］ 中国心理学会. 中国心理学会临床与咨询心理学工作伦理守则（第二版）［J］. 心理学报, 2018, 50（11）：1314-1322.

［11］ 赵悌尊, 张金明. 社区服务框架中加强残疾人服务工作的思考［J］. 残疾人研究, 2011,（4）：13-18.

［12］ 谭慧. 论心理健康服务进社区的积极意义［J］. 知识文库, 2016,（7）：21-22.

［13］ 周良才, 胡柏翠. 论社区服务的福利性［J］. 经济研究导刊, 2009,（27）：129-130.

［14］张蓓.社会工作在残疾人就业服务中的应用［J］.法制与社会,2015,2（4）:182-183.

［15］中国残疾人联合会.《2022年残疾人事业发展统计公报》［R］.2022.

［16］苏巧平.社会工作实务在社区残疾人工作中的应用［J］.安徽农业大学学报（社会科学版）,2006,15（3）:81-83.

［17］DiNino, M., Holt, L, L., & Shinn-Cunningham, B, G. Cutting through the noise: Noise-induced cochlear synaptopathy and individual differences in speech understanding among listeners with normal audiograms［J］. Ear and Hearing, 2021, 43（1）: 9-22.

［18］张甜甜,王增武.我国大陆地区社区照顾研究综述［J］.四川理工学院学报（社会科学版）,2011,26（3）:26-30.

［19］刘沙.聋人大学生如何预防诈骗［J］.科教导刊（上旬刊）,2013,（17）:230-231.

［20］邱煜,王金鑫.城市社区安全防范宣传教育与创新［J］.江西公安专科学校学报,2002,72（6）:37-39.

［21］黄永禧,张金声,韩琤琤,等.康复怎样才能进社区、提供安全有效的服务——北京"德胜社区康复模式"初探［J］.中国康复理论与实践,2009,15（4）:389-391.

［22］杨桃,王国祥,邱卓英,等.基于ICF的社区体育活动服务架构与指导方法研究［J］.中国康复理论与实践,2019,25（11）:1241-1247.

［23］黄起东,冯其斌,唐敏.拓展训练融入聋人大学生体育课的实证研究——以绥化学院为例［J］.绥化学院学报,2017,37（10）:45-47.

［24］ 中国残疾人联合会. 《关于印发"十四五"残疾人康复服务实施方案的通知》［R］. 2021.

［25］ 世界卫生组织. 世卫组织2014~2021年全球残疾问题行动计划：增进所有残疾人的健康［J］. 中国康复理论与实践, 2014, 20（7）: 601-610.

［26］ 郭爱鸽. 聋人大学生心理健康教育的现状与思考［J］. 开封教育学院学报, 2015, 35（3）: 173-174.

第七章
听障青少年心理健康社会服务的典型案例

　　听障青少年心理健康社会服务是一个持续的多系统协作的过程，每个主体系统有明确的职责和工作，也要发挥各自优势，相互补充，充分合作。核心目标是增强个体的心理健康，促进积极发展。针对听障青少年的心理健康社会服务工作具有较强的专业性，不仅需要国家法规和政策的支持，职能部门的统筹协调，家、校、社、医、残的有序合作，更需要循证研究支持，以保障心理健康服务的科学性、专业性、客观性、适用性、长效性。本课题组在健康中国战略背景下，基于多系统协作的工作思路，在社区、学校和家庭中进行实务干预。本章从中选取了两个典型案例：一是听障青少年学校适应的个案研究；二是对听障青少年认知和情绪的团体辅导。这两个案例具体呈现了心理健康服务的程序、方法和技术，以理论和实证研究为依据，同时也为后续的理论和实证研究提供了事实依据。期待通过这种循证研究的方式为包括听障在内的残疾人的心理健康社会服务提供有价值的参考。

# 第一节 基于多主体协作的听障青少年学校适应的个案研究

一 研究问题与目的

学校适应通常指学生在学校环境中的学业、行为表现、人际关系和情绪情感方面的适应（刘万伦，沃建中，2005），是衡量学生心理健康状况的重要指标。听障青少年由于身体缺陷、沟通不畅等原因在学习过程中可能会出现各种学校适应问题，如学业问题、情绪问题、行为问题、人际交往问题，甚至是校园欺凌等。这些问题可能会导致听障学生产生社交退缩、自我污名化、学业不良等后果。在融合教育背景下，学校、教师和家庭应重点关注听障学生的心理健康，帮助特殊学生更好地适应学校生活。本研究主要包括对听障青少年学校适应不良的评估、个别辅导与咨询、家庭教育、社区合作等，保障听障青少年的健康福祉，也为学校心理健康教育以及相关社会服务工作提供参考依据。本案例获得了来访者及监护人的知情同意，并隐去了来访者的个人真实信息及其他可识别信息。

二 咨询的理论取向

采用认知行为疗法（Cognitive Behavioral Therapy, CBT）进行个体干预。认知行为疗法的基本观点是个体的情绪和行为问题是由于错误的信念或认知偏差引起的，认知的改变有助于来访者情绪和行为的改变。认知行为疗法强调咨询关系和咨询工作联盟，以问题解决为导向，强调来访者的积极主动参与，这种方法有助于来访者成为自己的咨询师，更好地自助和助人。

三　个体咨询过程

（一）来访者的基本情况

小丽，女，14岁，H市人，与父母和7岁的弟弟生活在一起。两个月前从H市来J市某特殊教育学校读初一。小丽1岁时经常感冒发烧，因药物使用不当导致神经性耳聋。后来佩戴人工耳蜗，有部分听力，可以进行简单的言语交流。为了方便小丽上学，一家人在她就读的学校附近租房居住。母亲辞职在家，照顾小丽和弟弟的日常生活；父亲在当地一家工厂打工，工资较低，一个人承担整个家庭的生活开销。

进入初中以来，小丽经常焦虑不安，情绪低落，睡眠质量变差，食欲减退，体重下降，上课时注意力难以集中，经常走神，下课也不愿与同学们交往，与老师交流也很少。她向父母表达自己不想去上学。父母也发现小丽的异常，询问她原因，小丽只是摇头，不愿意回答。周末时间小丽几乎不出门，在家什么也不干，就坐着发呆。如果弟弟来找她玩，她就把弟弟推开。妈妈要带她去外面散散步，她也很抗拒。小丽经常把自己反锁在房间，父母很担心她的安全，希望班主任能够帮助和关照女儿，班主任鼓励小丽到学校心理咨询室寻求帮助。

咨询师通过小丽的父母和班主任了解了她的成长经历和学习情况，小丽先前一直在家乡H市的特殊教育学校读小学，父母在J市打工，小丽从1岁起跟着爷爷奶奶一起生活，与爷爷奶奶的感情较深。上初中才转到现在的学校，与父母及弟弟一同居住。小丽在小学时有几个要好的朋友，周末经常会和朋友出门玩耍。那时的小丽活泼有礼貌，成绩也很优秀，深得老师和同学们的喜爱。小丽喜欢画画，爷爷奶奶会把她的画贴到家里的墙上。上初中以后，小丽再也回不到原来的状态，经常忍不住哭泣、发脾气，对画画也提不起兴趣，甚至出现了厌学情绪。

（二）初始访谈：收集信息并评估

按照个体咨询的流程，咨询师需要先对来访者小丽进行初始访谈，评估其心理行为的症状表现、持续时间、社会功能、应对方式、内外优势资源等，以判断该个案是在自己的专业能力范围内，还是需要及时转介。

1. 建立咨询关系

听障来访者尤其敏感，咨询师要尊重并真诚地接纳来访者，适当共情，营造一个安全的、信任的咨询氛围，建立良好的咨询关系，这是咨询顺利进行的重要条件，也是咨询效果的保障。在这个案例中，班主任建议小丽来学校的心理咨询室寻求帮助，咨询师向小丽介绍了咨询协议中有关知情同意的内容、隐私和保密原则，以及保密例外的情况，并表达希望和小丽一起努力，帮助她渡过目前的困境，也希望得到小丽的信任。小丽表达了自己的感受，向咨询师介绍了自己当前的情况、遇到的难题，以及想通过咨询达成的目标。

2. 综合评估

咨询师从三个方面对小丽进行了评估：一是对家长和班主任进行访谈，了解小丽在家和在校的基本情况；二是在咨询会谈中观察和了解小丽；三是采用测量工具了解小丽的症状及严重程度。

咨询师通过观察和访谈了解到，小丽的外貌与年龄相符，衣着整洁，躯体活动正常，自知力良好，有微弱的听力，语言表达不畅，可借助手写板、语音与文字转换的App与咨询师交流。与咨询师的眼神交流较少，看起来眼神稍显呆滞。家族无重大精神病史，个人无其他躯体疾病。升入初中后开始出现低落、沮丧等负面情绪，睡眠质量差，食欲不佳，经常拉肚子，持续了两个多月。小丽在目前的学校没有熟悉的同学，同学们很少和她说话，她也从不主动和其他同学交往。她跟不上初中的课程进度，也不习惯老师讲课的方式，学业压力越来越大。回到家里，她觉得父母对自己很客气，感觉自己像个外人。在租住的小区里，小丽感觉邻居们总是用异样的眼光看她，所以周末几乎不出门，偶尔出门也会尽量远离人群。

咨询师采用焦虑自评量表（SAS）和抑郁自评量表（SDS）对小丽进行测量，她在焦虑量表上的标准分为55分，抑郁量表上的标准分56分，得分范围为轻度焦虑和轻度抑郁。小丽的焦虑和抑郁情绪、人际关系、学业等问题均与升入新学段和来到新城市等环境改变有关，有明显的环境变化的应激源，综合评估为学校适应问题，目前没有危机，属于心理咨询的范畴。

3. 咨询目标

小丽提到目前自己的困难包括：学习跟不上、没有朋友、想爷爷奶奶和老家的好朋友、与父母关系不亲近、不开心、烦躁、郁闷等，基于这些问题清单，咨询师与小丽一起讨论出具体的咨询目标。这里的咨询目标是咨询师和小丽根据问题的优先等级一起讨论确定的，分为近期目标和远期目标，目标要具体、清晰、可行、可评估。如果来访者的目标中有一些现实的困难，咨询师也要邀请社工、教师和家长一起解决现实问题，但咨询师不要替来访者做决定或直接解决现实问题。小丽希望通过咨询达到以下目标。

（1）在学校能与同学交流，遇到学习和生活上的问题主动请教老师和同学；

（2）在家里能与父母交流，接受父母的关心，能主动关心弟弟；

（3）减少焦虑和抑郁，减少自卑、敏感，树立自信心。

4. 个案概念化

个案概念化是指运用从来访者处获得的信息进行有效的临床预测和假设，从而形成针对个案的咨询计划（安芹，2006），是咨询中非常重要和不可或缺的步骤。个案概念化既是一个理论框架，也是一个不断在发展变化的过程。心理咨询师对小丽的个案概念化是从首次咨询时就开始进行构建的，并在咨询过程中不断收集新的信息。可以从横向和纵向两条路径进行信息整理和概念化分析，横向上主要是了解心理行为的日常表现，解释个体在特定的情境或刺激条件下的认知（想法）及由此产生的情绪、行为反应等。纵向上梳理小丽的早期经历、成长史、信念、应对策略等，解释其症状发生发展的过程。通过个案概念化，可以更好地理解来访者"何以至此"，并从中发现维持个体症状的因素和干预的积极因素。

（1）横向分析

根据认知行为疗法的认知三角模型，认知、行为和情绪三者之间会相互影响，其中一个发生变化，则另外两个也会发生相应的改变。认知行为疗法在工作中的重点是帮助个体意识到他们的"认知-情绪-行为"模式，发现不良行为所对应的情绪反应和自动思维，然后选择适当的切入点进行工作。因此，横向的个案概念化主要是找出在学习、生活中容易引起小丽不良情绪和行为的诱发线索，包括诱发情境、事件或者头脑中的画面等，帮助她识别在这些诱发线索出现时，她的情绪、行为以及身体感受。咨询师既可以利用横向分析的信息对小丽进行心理教育，激发她产生改变的动机，同时也可以帮助她理解自己的情绪和行为。

本案例中，小丽的困扰主要来源于学习和人际交往方面，因此在面对相关情境的时候，更容易引发她的负性自动思维，例如，"同桌不和我交流，我一无是处""我学习跟不上，让爸爸妈妈失望了，我不好"。这些负性自动思维引发了低落、沮丧、无助等情绪，随之而来的行为是不与同学交往，不上学，把自己关在房间里，无故发脾气等。

（2）纵向分析

纵向分析主要集中于分析小丽症状维持的深层原因，分析早年的哪些经历可能与这些症状的发展和维持相关，这些经历对小丽的成长意味着什么。小丽从小由爷爷奶奶带大，父母在外地打工，与父母接触时间很少，关系有些疏远。母亲在压力大时就会发脾气，指责和抱怨小丽。父母从来没有告诉过小丽如何来调整情绪，也没有给她做出过好的示范，所以小丽没有学会情绪调节的方法，当有消极情绪出现时，她往往会选择压抑自己。

基于上述横向的和纵向的分析，参照贝克（Beck 著，2011；孙怡，孙凌，王辰怡等译，2013）的认知概念化图表，绘制出小丽的个案概念化图表，可以更直观、清晰地了解其适应问题发生发展的过程、具体表现以及应对方式。

（三）咨询计划和过程

基于初始访谈的结果和特殊教育学校对学生咨询次数的规定，拟定了6次的咨询计划。咨询设置为每周1次，每次60分钟，均为面对面咨询，咨询地点在学校咨询室。

咨询初始阶段（第1~2次）：主要包括签订咨询协议，明确知情同意内容，收集信息并进行初步评估，建立良好的咨询关系。通过心理教育，帮助来访者整理问题清单，明确咨询目标，增加来访者求助的动机，使来访者愿意主动参与到咨询中来。

咨询中间阶段（第3~5次）：首先，基于听障学生的认知水平，从情绪入手，帮助小丽学会识别自己的情绪，给情绪评分。其次，引导其发现自己应对问题的行为方式，采用图表的方式向小丽介绍CBT的概念模型，帮助她理解"情境或事件—认知—情绪—行为"之间的关系，如图7-1所示。再次，引导来访者发现自己不合理的自动思维。最后，结合图像和视频的方式引导来访者挑战负性自动思维，找到证据，矫正消极的或者有偏差的想法。

咨询的巩固与结束阶段（第5~6次）：帮助小丽在日常生活中练习使用积极的应对策略和方法，对整个咨询过程进行回顾和总结，引导小丽独立地解决问题，增强效能感和信心。准备结束咨询。

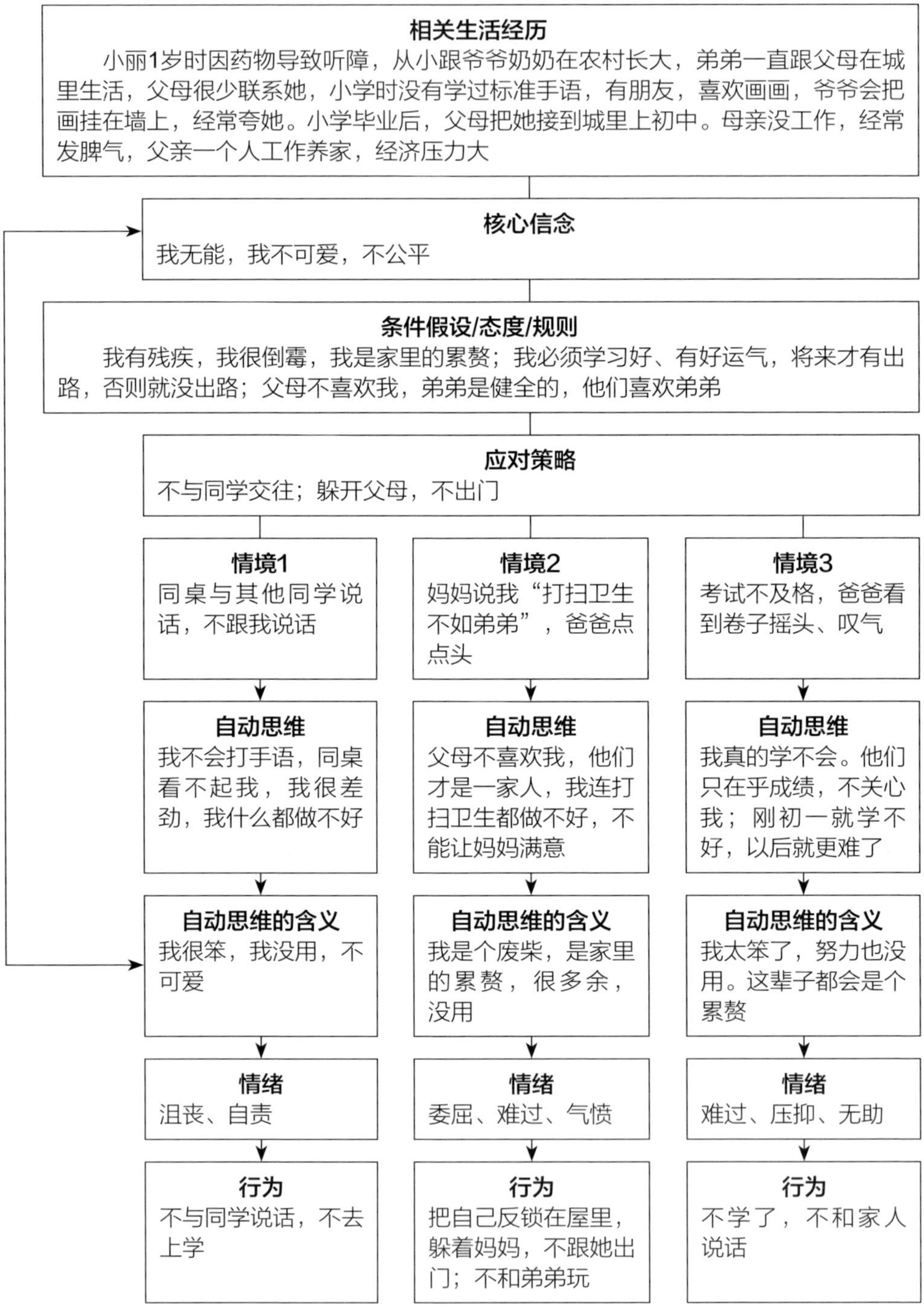

相关生活经历
小丽1岁时因药物导致听障，从小跟爷爷奶奶在农村长大，弟弟一直跟父母在城里生活，父母很少联系她，小学时没有学过标准手语，有朋友，喜欢画画，爷爷会把画挂在墙上，经常夸她。小学毕业后，父母把她接到城里上初中。母亲没工作，经常发脾气，父亲一个人工作养家，经济压力大

核心信念
我无能，我不可爱，不公平

条件假设/态度/规则
我有残疾，我很倒霉，我是家里的累赘；我必须学习好、有好运气，将来才有出路，否则就没出路；父母不喜欢我，弟弟是健全的，他们喜欢弟弟

应对策略
不与同学交往；躲开父母，不出门

情境1
同桌与其他同学说话，不跟我说话

情境2
妈妈说我"打扫卫生不如弟弟"，爸爸点点头

情境3
考试不及格，爸爸看到卷子摇头、叹气

自动思维
我不会打手语，同桌看不起我，我很差劲，我什么都做不好

自动思维
父母不喜欢我，他们才是一家人，我连打扫卫生都做不好，不能让妈妈满意

自动思维
我真的学不会。他们只在乎成绩，不关心我；刚初一就学不好，以后就更难了

自动思维的含义
我很笨，我没用，不可爱

自动思维的含义
我是个废柴，是家里的累赘，很多余，没用

自动思维的含义
我太笨了，努力也没用。这辈子都会是个累赘

情绪
沮丧、自责

情绪
委屈、难过、气愤

情绪
难过、压抑、无助

行为
不与同学说话，不去上学

行为
把自己反锁在屋里，躲着妈妈，不跟她出门；不和弟弟玩

行为
不学了，不和家人说话

图7-1 认知概念化图表

（四）个体咨询中使用的技术

1. 共情

共情通常是指咨询师在咨询过程中设身处地地理解来访者的感受，并将这种理解反馈给来访者。恰当的共情是建立良好咨询关系的重要前提，当来访者感受到咨询师的共情时，他们会感到被理解和接纳，从而建立起信任和安全感。共情可以帮助咨询师更好地理解来访者的问题和需要，也是推动来访者改变的积极因素。在对小丽的咨询中，咨询师耐心地倾听和设身处地地理解她的成长经历、想法、情绪和行为等，使她感受到自己是被重视、被理解和被支持的，增进了咨询关系，也有利于咨询的进一步开展。

2. 倾听

倾听是指咨询师通过言语的或非言语的方式，关注来访者所说的内容，观察来访者的非语言行为，并对来访者表示理解和接纳。倾听是建立良好咨询关系、了解问题和解决问题的重要途径。咨询师在倾听时身体前倾，但不要离来访者太近，避免来访者产生压迫感和紧张感。在与小丽的咨询中，咨询师耐心倾听她的表达，允许她使用文字或手势来表达自己的想法和感受，保持专注、接纳和尊重的态度，同时也及时予以反馈。倾听也有助于咨询师收集信息，系统地了解困扰小丽的问题及其发展过程等。

3. 心理教育

心理教育是指咨询师为来访者科普心理健康知识，帮助来访者了解自己的现状及发展过程，使来访者能够清晰地了解自己的问题，并增加主动改变的意愿和可能性，帮助来访者掌握基本的自助方法等，是心理健康教育工作中的润滑剂和催化剂。在对小丽的咨询中，咨询师向她讲解了有关心理适应的知识，引导其了解人的情绪和行为会因为环境和任务的改变而变化，结合具体事例引导她理解想法、情绪和行为之间的关系，引导她发现自己的优势和积极资源等。

4. 家庭作业

家庭作业是认知行为疗法中常用的技术之一。家庭作业是连接两次咨询的桥梁，能够促进咨询效果的巩固和泛化。每次咨询中咨询师也给小丽布置相应的家庭作业，和她讨论这些作业是否能够完成、如何完成、在什么时间完成等。需要注意的是，对听障来访者一定要布置相对简单且易于完成的作业，这样会增加她完成作业的可能性，增加其效能感。例如，每周记录一个自己的自动思维，练习与父母一起做饭和散步，当同桌看自己时报以微笑等。咨询时，可以先讨论小丽的家庭作业，并给予她积极的反馈，让她看到自己的变化，这也会增强她改变的动机和对咨询的主动参与性。

5. 放松训练

放松训练的目的是帮助个体减少压力、焦虑和紧张感，缓解身心疲劳，促进身心健康，主要包括呼吸放松、渐进式肌肉放松等方式。咨询师教小丽学习呼吸放松和肌肉放松的技术，采用示范和文字的方式讲解放松的步骤，直到小丽可以适当使用。这样每当出现不良情绪时，她都可以学以致用。

6. 应付卡技术

应付卡技术是认知行为疗法中矫正信念常用的技术。应付卡可以制作成手掌大小，采用来访者喜欢的任何形状，放在随手可及的地方或者随身携带。可以写上鼓励自己的话，也可以是提醒自己要注意的事项等，来访者可以在感到痛苦、无助，或者产生冲动性的想法、行为时拿出来查看。例如，小丽的应付卡上写着"当同桌看我时，我对她微笑，我可以做到""我要坚持上学""我不是笨，只是暂时不适应这个新学校"等。

7. 解释偏差的矫正训练

解释偏差的矫正训练是针对个体在社交情境中产生的消极解释偏差进行训练，通过反馈来降低个体对模糊情境产生的负面认知。在本案例中将解释偏差矫正训练作为认知行为疗法的辅助方式，可以帮助小丽矫正负性思维方式，缓解学校适应不良。

对小丽的矫正训练是借助电脑完成的，将她日常生活中常见的社交场景设计成卡通动画的形式，并配以文字，每个社交情景设置一个问题。在使用这个矫正训练前，需要让小丽反复练习，直到可以熟练启动画面和操作按键。在正式训练开始时，咨询师先向小丽仔细讲解屏幕上出现的指导语，然后呈现画面，画面中有人物对话（含有字幕），接下来文字呈现两种想法，一个为正性解释，一个为负性解释。请小丽以动画中主人公的角色体验情境中的人际互动，并按动按键做出选择，无论此时她做出哪个选择，咨询师都暂时不做任何干预。然后出现下一个画面，这个画面是对先前情境的解释。例如，动画中出现两个中学生A和B，他们正在写作业，然后A离开座位，过了一会儿又回来了，A发现自己的试卷掉到了地上，B正低头去看。这时屏幕画面上出现一句话，"如果你是A，你会怎么想"，画面下方出现两个选项，"选项1：B故意把我的试卷扔在地上了"和"选项2：可能是风吹掉了"。按动其中一个选项对应的按键后，屏幕上出现的画面是"A离开后，一阵风吹过，把试卷吹到了地上，B弯下腰，正想伸手捡起试卷"。如果小丽选择了"选项1：B故意把我的试卷扔在地上了"，当她看完这个解释的画面时，她会意识到"原来是我想错了，误解了B"。

使用电脑程序进行解释偏差矫正时，一定要引导来访者做出反馈，使其意识到，除了自己看到画面时的负性解释外，还可能有其他的解释，训练其发展思维的灵活性，防止僵化的想法和敌意的归因。另外，还可以引导来访者自己主动设计画面情境。但要注意，对于危险的情境，咨询师一定要提醒来访者注意安全，不是所有的情境都可能是友好的。

四 家庭教育和指导

生态系统理论强调家庭是个体成长过程中所接触的重要微观系统，父母是听障青少年发展过程中的重要他人，父母在日常生活对听障孩子的理解、指导和帮助更有效。

本案例中使用了父母导向的认知行为干预（Parent-led CBT），即由专业的心理师指导父母理解和掌握CBT的原理和方法，在日常生活中帮助孩子克服焦虑和抑郁。这一方法目前在英国（Thirlwall, Cooper, Karalus, et al., 2013）、美国（Chavira, Golinelli, Sherbourne, et al., 2014）、澳大利亚（Lyneham & Rapee, 2006）等广泛应用于儿童青少年焦虑和抑郁焦虑的家庭治疗中，被认为具有简洁、经济、强度低、方便、有效等特点。我国研究也发现应用这一方法不仅可以缓解儿童青少年的焦虑情绪，对于父母调节自己的压力和不良情绪、优化和改善教养行为、改善亲子关系等都有明显的效果（Xu, 2023）。

本案例中，在征得小丽父母的知情同意后，由高校专业心理师采用线上和线下的方式，分三个阶段传授和指导小丽父母学习使用CBT技术来帮助小丽。

阶段一：课程学习阶段。采用微课或视频教学的方式讲解有关听障青少年身心发展、学校适应的知识，以及认知行为疗法的使用方法等。阶段一包含4节课，每节20~30分钟。父母在学习过程中如有疑问，可请教心理师，或在线上留言，心理师会及时答疑。

阶段二：面询阶段。咨询师与家长（也可以是其中一人）面对面会谈，共4次，每次约1小时。围绕小丽在家庭生活中的行为、情绪表现进行讨论。必要时心理师可采用角色扮演的方式教会家长使用一些方法和技术。父母记录下使用CBT在生活中帮助小丽调节情绪或处理行为问题的过程，以及遇到的难题，通过邮件将这些内容反馈给心理师，并在下一次面询时答疑和讨论。具体到面对面咨询会谈过程的内容，主要包括以下几个方面。

（1）指导父母学会观察、识别小丽的情绪。指导父母学会觉察、识别小丽在日常生活中表现出来的情绪特征，对于她出现的消极情绪能够及时觉察与关注。

（2）学会识别小丽的自动思维。父母能够根据认知三角模型，了解小丽情绪、思维、行为之间的关系，识别小丽的自动思维，尤其是负性自动思维。

（3）理解小丽的情绪，学会共情，鼓励她在遇到问题的时候尝试解决问题，而不是发脾气或者回避。

（4）学习表扬和鼓励小丽好的行为表现。当她出现主动做家务、坚持上学的行为后，父母要及时给予强化，强化物可以是小丽感兴趣的物或事，以此来增加其适宜行为的发生频率。

（5）父母要觉察自己与小丽相处的方式，不急于矫正孩子有问题的行为或答应她的要求，要做"慢半拍"的父母，不冲动应对，思考后再做回应。

阶段三：电话指导和回访。心理师会对小丽的父母采用电话或微信的形式进行沟通，解答父母的疑惑，了解干预效果及存在的问题。可根据情况灵活设置次数和时间，一般两次，每次10～20分钟。

父母导向的认知行为疗法可以纳入到特殊教育学校的家庭教育指导服务站的活动项目中，其中阶段一的线上课程可以采用集中学习或自学的形式。这个方法的使用需要高校专业人员、学校及家庭的充分合作。

五　与社区的合作

家庭所在的社区是听障青少年接触到的最直接的社会化场所，也是提高其社会适应的重要场所。社区可以在了解小丽的家庭情况并征求家庭的知情同意后，给予相应的支持和帮助。一方面，社区通过与残联联系，为小丽母亲介绍兼职工作，缓解家庭的经济压力，工作时间上相对灵活，方便母亲照顾孩子的生活；另一方面，社区定期组织辖区内与小丽类似的特殊家庭参加讲座及其他活动，邀请当地医院、高校的相关专家为他们提供解决问题所需的信息、方法、策略和途径。同时也鼓励这些家庭互帮互助，并与社区内其他家庭建立良好的邻里关系。鼓励家长们学会关怀自己，了解和掌握自己孩子的特点，从而更好地与孩子沟通，关注孩子的情感需求，从而有效增强家长对特殊教育环的适应能力。在这一过程中,社工也可以根据小丽的家庭情况制订个性化的家庭指导计划,通过线上线下相结合的方式为小丽父母提供咨询和服务,为其营造良好的家庭氛围,构建和谐的亲子关系。

此外,社区还组织了一系列的亲子活动。针对小丽擅长绘画的特点,社区举办了亲子手语绘画活动,积极鼓励小丽与父母共同参加,一边学习手语一边绘画,在轻松愉快的氛围中增加了家庭之间的互动和沟通,增强了亲子之间的情感交流,也让小丽重新对绘画拾起兴趣,增强其自信心,提升其自我价值感。在参加活动的过程中,也给小丽提供了接触同龄人的机会,有利于促进其社会化的发展。

总之,对于有经济、医疗、就业、交通等现实困难的家庭,社区要上通下达,联络和组织资源。对于有心理健康需求的家庭,要联系社工、心理专业人员、医务人员等,社区作为灵活的基层组织,与相关单位或个人志愿者建立长期的合作机制,形成制度化和规范化的体系。社区工作也要遵循伦理规范,所有的活动均要征得当事人及其家庭的知情同意,注意隐私和保密原则。

六 咨询效果评估

(一)个体情绪变化

6次咨询结束后,对来访者小丽再次进行心理量表的评估,结果显示,焦虑自评量表的标准分为45分,抑郁自评量表的标准分为40分,说明她的焦虑和抑郁情绪得到了较大缓解。小丽自述,自己虽然还是不能很好地完成所有的作业,但愿意上学,比入学时学习有明显进步,学习上有问题也敢去问老师了。与同桌成了朋友,开始与以前小学的同学联系。与父母的关系明显变好,在家变得开心。自己准备要学一技之长,努力上高中,考职业院校。有了明确的目标后,小丽也不再像以前那样茫然和焦虑了。

（二）咨询师的观察

总体上看，咨询达到了预期的目标。通过咨询，小丽的态度有明显变化，从开始不情愿来咨询到积极参与咨询，并能够认真完成咨询师布置的家庭作业。小丽的学校适应不良也得到了明显改善，学习上虽然还存在一定困难，但小丽明显变得自信，有了改变的信心，不再感到无助与沮丧，焦虑和抑郁情绪明显改善。亲子关系得到缓和，在咨询室里笑容增多，表情和坐姿更自然、放松。

（三）家长反馈

母亲反馈小丽的饮食已经恢复到先前在老家时的状态，体重在慢慢增长，会主动要求让妈妈做好吃的。睡眠质量明显变好，不会熬夜到很晚才睡。在家里笑容变多了，愿意帮妈妈来照顾弟弟，开始主动承担一定的家务。虽然有时候不好意思向家人表达爱意，但妈妈给她买新衣服时会向妈妈表示感谢。早晨上学不再迟到，很少再玩手机游戏，将来想做一名技术员。母亲也提到自己从学习和使用CBT中的收获，学会了理解听障的女儿，以及处理两个孩子之间的关系，夫妻之间不再互相抱怨，感觉一家人更团结了。社区委员会帮自己找到了一份合适的工作，缓解了一些经济压力。自己也不再因为孩子的听障而感到自卑和自责。同时，母亲也提到，想到女儿将来的工作和生活还是有些焦虑。

七 个体咨询的总结与反思

总体来看，整个咨询过程进行得比较顺利，达到了预期咨询目标。但是在咨询过程中也遇到一些困难和挑战。首先是沟通问题，这也是一个突出的难题。由于来访者小丽是一名听障青少年，其理解能力和口语表达能力相较于健听青少年来说都有所欠缺。由于小丽先前在老家的学校没有掌握规范的手语，在运用手语沟通时也时有不畅。为此，心理咨询师放缓语速，运用简单易懂的语言传递想法，在咨询过程中也会运用纸笔、科大讯飞实时互译软件等方式来呈现内容，保证能更好地与来访者进行沟通。其次是隐私和保密问题。咨询师与父母、班主任的沟通也要征得来访者的知情同意。如果咨询师不能熟练使用手语，需要配备手语教师或者志愿者时，这需要征求来访者小丽的知情同意，也要求手语教师或志愿者签字确认，且要保证他们与来访者之间没有任何利益冲突。再次，在咨询节奏与时间安排上，与普通健听青少年的个体咨询相比，对听障来访者的咨询节奏相对要慢，每次的咨询时间相对要长出10分钟左右。最后，目前特殊教育学校专职心理咨询师相对缺乏，一方面要引进或招聘专业人员，另一方面也要加大继续教育培训的力度，对已有的心理教育师资进行专业培训，高校以及心理咨询的专业机构也要提供相应的人才援助以及督导。

在今后的工作中，应适当增加对学校任课教师、班主任的专业培训，提高他们对听障学生心理与行为发展的认识，在工作中能够及时敏锐地发现学生的异常变化，并掌握一定的方法和技术来应对突发情况。学校要进一步改善教育环境，提高融合教育能力，一方面可以邀请专业人士到学校开展相关讲座，拓宽学生的知识面，拓展思维；另一方面，学校可以为听障学生提供相关的科普知识手册，运用言简意赅的文字和灵活生动的图像，向学生传达健康自助的信息。社区要加强与职能部门、学校、家庭等的联系，为特殊家庭汇集社会支持，提高社工的专业性，搭建线上社区心理健康服务平台，为听障家庭提供支持，同时通过媒体与公众号的宣传，为听障家庭营造友好的社会环境。因此，听障青少年的个体咨询同样需要家校社医残政等各主体的共同努力，是一个专业性、科学性、系统性和发展性的过程。

第二节 听障青少年解释偏差的认知行为团体辅导

一 研究问题与目的

听障青少年是兼具青少年和残疾人双重特征的特殊群体。由于生理缺陷导致的沟通障碍,听障青少年在与同龄人的交往中常常因表达不清而产生误解,使其主动交流的积极性下降,可能产生社交回避甚至是社交焦虑(杨立雄,刘曦言,梁俊雯,2023)。部分听障青少年存在认知偏差,对所处的情境或遇到的事件进行消极的或敌意的解释,由此产生消极和问题行为,影响其心理健康、学习、人际关系、社会适应等(黎晓丹,戴常婷,谭腾飞等,2020)。本次团体辅导课选自一个连续8次的团体辅导活动课,本次团体辅导旨在帮助听障青少年了解不同情绪的特点,觉察消极情绪的不良影响,提高情绪感知力,掌握调节不良情绪的方法,并能够运用到现实生活中。最终目的是提升听障青少年的整体心理健康水平,同时也为特殊教育学校开展心理健康教育活动提供参考依据。

二 团体辅导的理论取向

本研究采用认知行为团体辅导的方式,主要针对听障青少年的歪曲认知和不良的情绪调节能力进行干预。认知行为团体辅导是一种认知行为取向的团体心理辅导,既体现了团体辅导的一般特征,同时又运用了认知行为疗法的方法和技术。认知行为团体辅导有明确的结构,强调个体的信念和看法对情绪、行为的影响,帮助个体学会从不同的视角看待问题。它同时应用系统内的问题解决策略,通过领导者的带领和其他成员的分享,协助团体成员发现自己的歪曲认知，例如，过度概括、灾难化、读心术等。引导成员学习有效的情绪调节和问题解决策略，并应用到日常生活中。

三 活动实施

（一）活动对象

选取J市特殊教育学校15名初一学生，其中男生8人，女生7人。

（二）活动主题：情绪管理

整个团体辅导分为8次，涉及解释偏向、情绪调适、人际交往等系列主题。本次团体辅导是节选的"情绪管理"专题，以情绪为主题，结合学生的现实情况，采用游戏体验、分享交流等方式，从认识情绪、觉察情绪、接纳情绪到调节情绪，一步步递进，让学生学会理解和调控情绪，帮助学生更好地学习和生活。

（三）前期准备

1. 活动材料

胸牌、队牌、筷子、弹珠、纸杯、水彩笔、彩色卡纸、A4纸、黑色笔、视频、PPT、团体活动反馈表等。

2. 前期准备

在设计团体辅导活动课之前，团体领导者阅读了大量与团体辅导相关的书籍和期刊，不断丰富、扩充理论知识，以便顺利地开展工作。在团辅活动开始前，我们对特殊教育学校的部分老师及学生家长进行前期访谈调研，了解到听障学生具有低自信、情绪管理能力差、交往技能欠缺、倾向于消极解释等特点。本次团体辅导以《中小学心理健康教育指导纲要（2012年修订）》为参考，结合特教学生的具体情况，经多次讨论和修改，设计出包括人际、情绪、认知等主题的系列团体辅导活动课。

团体辅导课正式实施前,团体领导者进行多次试讲和调整,以确保活动内容适合学生的心理特点与现实需要,并保证在规定时间内完成。由于团体领导者并非专业手语使用者,因此在活动课开展过程中,有一名手语教师全程协助,另外每次团体活动配有两名志愿者,负责材料的收发和记录等辅助工作。

(四)活动时间及场地

听障青少年注意力维持时间较短,因此每次团体辅导的时间为40~60分钟。活动地点在团体心理活动室,有足够宽敞的活动空间和多媒体设备。

(五)活动计划与过程

团体活动计划见表7-1。

表7-1 团体活动计划表

阶段	活动内容	活动目标
初创阶段	弹珠接力赛	活跃班级气氛
转换阶段	头脑特工队	帮助学生了解不同情绪的特点、觉察情绪产生的原因
过渡阶段	情绪会传染	了解消极情绪的不良影响
结束阶段	调节情绪我有招	分享情绪调节的方法,感受积极情绪的力量

以下为本次团体辅导活动的过程。

团体领导者:同学们好,今天是我们的第五次团体活动,这次我们仍然给大家带来了好玩有趣的活动,同时也希望教给大家一些情绪调节的方法,希望同学们能够有所收获。

1. 弹珠接力赛(8分钟)

团体领导者:我们一起来玩个热身小游戏,游戏的名字叫"弹珠接力赛",看看哪个队完成得又快又好。

游戏规则如下。

在第一次团体活动开始时,利用抽签的方式随机将学生分为三队:希望队、勇气队和智慧队,每次团辅活动时以队为单位坐到一起。

每一队的成员站成一排,每名成员面前的桌子上放一个倒扣的纸杯。第一位成员的纸杯上有一个玻璃弹珠,需要第一位成员用筷子把弹珠夹到第二位成员的杯子上,第二位成员把弹珠夹到第三位成员的杯子上,以此类推,最后一位成员把弹珠夹到旁边的碗里。如果弹珠中途掉落,则从头开始。

在挑战过程中,各队成员积极配合,遇到问题及时沟通,最终都顺利完成了弹珠接力赛。

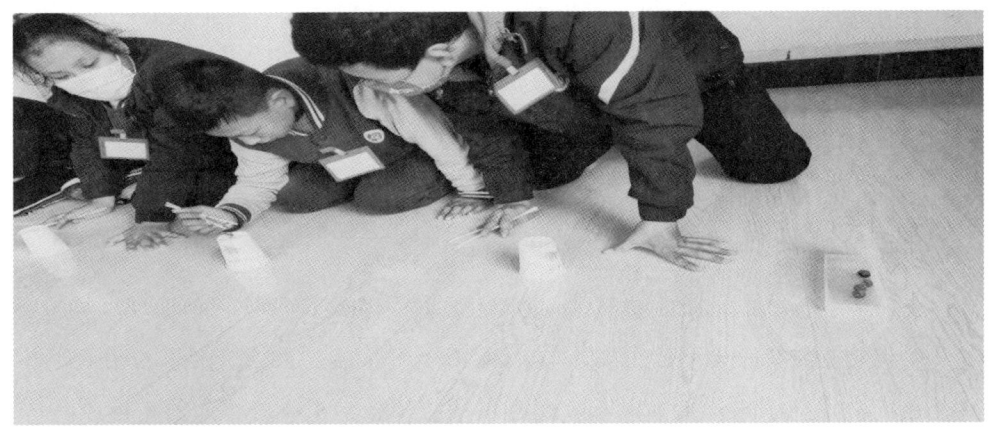

团体领导者：恭喜勇气队用时最短，获得最后的胜利。我想问一下勇气队，你们现在是什么心情呢？

勇气队：快乐、高兴、自豪……

团体领导者：其他两队是什么心情呢？

智慧队、希望队：遗憾、难过、生气……

团体领导者：看来大家有各种各样的情绪，所以，"情绪"就是我们今天的主题。（板书：情绪万花筒）

设计意图：用趣味活动活跃班级气氛，引出主题，激发学生参与的兴趣和主动性。

2. 头脑特工队（15分钟）

团体领导者：我们每时每刻都有情绪，也会因为遇到不同的事情而产生不同的情绪，那同学们知道分别有哪几种情绪吗？

成员：高兴、生气、开心、难过、害怕……

团体领导者：非常好，看来同学们都知道我们有哪些基本的情绪。接下来我们来看个视频——《头脑特工队》，视频中的主角叫莱莉，莱莉的头脑里住着几个情绪小特工，每一个情绪特工代表着一种情绪，大家一起来看看视频中一共出现了几个情绪特工，也要观察每个情绪特工是在什么情况下才出现的。

视频内容：莱莉在边听歌边写作业，非常快乐。莱莉伸懒腰时不小心打翻了牛奶瓶，把作业弄湿了，她很难过。莱莉在用扑克牌搭"房子"，差最后一点时"房子"突然塌了，莱莉很生气。莱莉把书本卷成筒状，拍死了一只苍蝇，莱莉感觉很厌恶。莱莉在画画，突然从天花板上垂下一只蜘蛛，莱莉吓了一跳，从椅子上掉了下去。

团体领导者：同学们，莱莉的头脑里住着几个情绪特工？

成员：5个。

团体领导者：很好，那他们分别代表什么样的情绪呢？

成员：快乐、伤心、愤怒、害怕、厌恶。

团体领导者：是的，同学们看得很仔细，他们所对应的情绪分别是快乐、伤心、愤怒、害怕和厌恶。这是我们经常会有的5种基本情绪，有时候，这些情绪是单独出现的，还有些时候，这些情绪还会掺杂在一起出现。

团体领导者：有没有同学留意到，莱莉身边发生了什么事情，才产生了这些情绪呢？我看到同学们都点头了，那我们来验证一下你们的答案对不对。老师将给大家再次呈现莱莉的不同情绪，想一想当时发生了什么？请每个队讨论后把答案写在纸上，然后每队挑选一名队员上台分享你们的答案。

在屏幕上分别呈现莱莉的5种情绪图片：悲伤/难过、愤怒/生气、讨厌/厌恶、恐惧/害怕、开心/快乐。

团体领导者：好，时间到，现在请各队分享一下你们的答案。第一种情绪是悲伤/难过，它在什么情况下出现？我们轮流来看每个队的答案。

各队挑选一名代表上台分享，手语老师辅助翻译。

勇气队：悲伤是因为莱莉不小心把牛奶撒了，弄到了作业本上。

希望队：牛奶把作业本弄湿了。

智慧队：牛奶洒到了作业本上。

团体领导者：很好，同学们看得都很仔细，表达得很准确。当莱莉写完了作业，不小心把牛奶洒到了作业本上时，她很难过。那莱莉什么情况下会生气呢？

勇气队：纸牌塌了。

希望队：莱莉搭的纸牌塌了。

智慧队：纸牌塌了，莱莉很生气。

团体领导者：嗯，同学们回答得很准确，那莱莉为什么又感到厌恶/恶心呢？

勇气队：苍蝇被拍死了，她觉得很恶心。

希望队：莱莉拍死了一只苍蝇。

智慧队：打死了一只苍蝇。

团体领导者：一只苍蝇飞过来，莱莉讨厌苍蝇，拍死了它，这让莱莉觉得很恶心。那莱莉又是因为什么害怕的呢？

勇气队：出现了一只蜘蛛，莱莉觉得很害怕。

希望队：莱莉害怕出现的蜘蛛。

智慧队：突然掉下来一只蜘蛛，把莱莉吓了一跳。

团体领导者：同学们都观察得非常仔细，回答正确，还有同学做了更详细的补充。那我想问同学们，你们更喜欢哪种情绪呢？又不喜欢哪种情绪呢？

学生：喜欢高兴、快乐、喜悦，不喜欢难过、害怕、生气。

团体领导者：这些高兴、快乐、喜悦的情绪，是积极情绪；难过、害怕、生气，这些是消极情绪。那这些消极情绪会带来什么影响呢？我们一起看接下来的这个视频。

设计意图：通过《头脑特工队》的动画视频让学生了解基本的情绪，观察不同情绪产生的前提，通过提问、分享等互动让学生加深对情绪的理解。

3. 情绪会传染（10分钟）

视频简介：一位老板和妻子吵架，被妻子大骂一顿。这位老板气冲冲地来到办公室，把前来汇报工作的员工骂了一顿。员工生气地回到家，看到孩子没有学习，把孩子骂了一顿。孩子觉得既生气又委屈，就开始哭起来，把气发泄在猫身上，把猫踢出了窗外。正好一辆卡车开过来，司机赶紧避让猫，却发生了车祸。

团体领导者：看完这个视频后，我想问问大家，这些人都有什么样的情绪呢？

学生：愤怒、生气。

团体领导者：是的，视频开头的这位老板被妻子骂了以后很生气，于是把气撒在了员工身上，员工被骂也觉得很生气，回家接着把孩子骂了一顿，孩子觉得委屈和生气，于是只能把怒气发在猫身上。最后，货车司机为了躲避猫，发生了车祸。那同学们,你们看了以后,有什么想法呀?有没有哪个队想起来说一说。

智慧队:生气是不对的,我们不应该生气。

勇气队:生气会影响别人,是不对的。

希望队:生气是消极情绪,是会影响我们做事情的。

团体领导者:同学们都很有想法。这说明消极情绪不仅影响我们自己,也影响别人,消极情绪是会传染的。大家想想,消极情绪会传染,那积极情绪会不会传染呢?

成员:会!

团体领导者:是的,积极情绪也会传染,所以希望同学们能每天开心,把积极情绪传递给其他同学,也尽量不让消极情绪影响到其他人。

设计意图:让学生了解到无论是积极情绪还是消极情绪,都是会传染的。如果胡乱发泄消极情绪,可能会导致很严重的后果,引出下文分享合理的调节情绪的方法。

4. 调节情绪我有招(7分钟)

团体领导者:其实情绪本身没有好坏之分,消极情绪和积极情绪一样,都是人的正常情绪。每种情绪都有其存在的理由,消极情绪也不是一无是处,不应该被否定和忽视。愤怒可以让我们变得勇敢,激发保护自己的力量;恐惧让我们躲避危险,处在安全的环境中。只要我们注意到消极情绪并运用合理的调节方法,是可以和它们和谐相处的。我想问一下大家,你们在学习和生活中遇到消极情绪,都是怎么调节的呢?

成员:吃美食、出去散散步、睡觉、自己呆一会、和朋友吐槽。

成员:跑步、跳操、打游戏、看视频、买东西。

成员:和好朋友倾诉、跟父母聊天。

…………

团体领导者：哇，同学们分享了非常多好用的方法，相信这些方法一定是大家在日常生活中通过亲身实践总结出来的有效方法。如果还有同学没找到适合自己的情绪调节方法，可以参考大家分享的方法哦。另外，老师也给大家准备了一些好用的方法。

首次，深呼吸可以帮助大家舒缓紧张和焦虑的情绪。可以尝试先深深地，慢慢地吸一口气，直到吸不进去，屏住几秒钟；然后慢慢地，轻轻地呼出来，呼出来，呼出来；重复上面的步骤3~5次，直到你觉得有所放松。

其次，适当运动有助于提升心情和改善情绪。大家可以选择喜欢的运动方式，如散步、跑步、打羽毛球、打篮球等。最后，找到自己喜欢的事物，培养兴趣爱好。当大家投入有意义或有乐趣的活动中，可以提升幸福感，减轻消极情绪。

每个人的情绪调节方式可能有所不同，寻找适合自己的方式非常重要。提醒同学们，如果消极情绪持续存在，并且影响了你的正常学习和生活，同学们可以及时寻求班主任老师或心理老师的帮助。

希望通过这节课的学习，大家都能有所收获，学会观察、调节自己的情绪，更好的学习和生活。

最后，请大家填写团体反馈表，便于后续活动的改进。拍摄集体合照，以作纪念。

四 效果评估

（一）学生个体的反馈

学生1：我之前脾气有些暴躁，遇到不开心的事就想哭、想摔东西，我觉得这样很不好，但是控制不住自己。通过这次情绪辅导课，再遇到类似问题，我会试着先深呼吸让自己冷静下来。

学生2：以前我总是把一些情绪藏在心里，不会告诉别人，但是憋得很难受。现在我学着通过运动、和朋友倾诉、深呼吸等方式来调节情绪。

（二）手语老师的反馈

这次情绪团体辅导活动过程中，有很多比较有意思的视频，同学们看得很投入，也都能集中注意参与进去。在分享情绪调节方法时，也都积极发言，并且有自己的思考。能够看出他们对这个主题很感兴趣并且学到了很多。

（三）团体领导者的反馈

成员们都很积极地参与了团体辅导活动，尤其是在看《头脑特工队》的时候，成员们都很感兴趣，也都愿意发言。通过分享各自调节情绪的方法，我发现成员们本身也掌握了很多调节情绪的方法，我也希望通过成员们之间的分享和讨论，能够使大家互相学习，让每位成员能够根据自己的情况有所选择，并且学会运用到现实生活中。

五 总结与反思

（一）总结

本次情绪主题团体辅导结合听障学生的心理发展特点，用弹珠接力赛游戏激发成员的兴趣，同时培养他们的团队合作意识。教学内容也采用简单易懂的视频形式，增加团体辅导过程的生动性和趣味性，使成员能够集中注意力并全程积极参与。活动过程中适当加入交流环节，鼓励学生在安全、信任的团体氛围中分享自己的情绪调节方法，越来越多的成员愿意主动展示自己的想法与观点。

本次团体辅导也面临一些困难和挑战。由于听障学生注意力稳定时间较短，容易疲劳，可能无法长时间的集中注意力，某些活动内容被压缩，可能存在对活动的讲解不够深入的情况，团体辅导的效果可能会受到一定影响。

（二）教育建议

1. 关注学生心理健康状况，创造适宜的环境

听障青少年由于自身的缺陷，心理健康方面更容易受到影响，产生情绪、学业和人际关系等困扰。特殊教育学校要提高对学生的心理健康状况的关注水平，注意环境对人的重要影响，充分利用并发挥自身优势，营造有利于学生学习的良好环境。环境具有重要的育人功能，可以在潜移默化中影响学生的情绪、行为等。

2. 心理健康教育常规化和规范化

特殊教育学校设立心理健康教育课程体系，规范常规的教学和辅导活动；可以邀请专业人员开展心理讲座，向听障学生传授心理健康知识与技能，提高自信心；根据学生的身心发展特点以及学生所面临的不同困惑，定期组织主题团体辅导或者心理沙龙等活动，并将其融入日常心理健康教育体系中，提升学生的心理健康水平。

3. 提供心理咨询服务

并非所有的问题都适合采用团体辅导的形式进行干预，也并非所有的学生都适合团体干预，要根据学生的个性、不同的议题而论。对于团体辅导无法解决的问题，可以寻求专业的心理咨询服务，帮助听障学生缓解心理困扰，获得

积极发展。基于听障学生的特殊性，特殊教育学校的心理教师除了要具备专业的心理学相关知识以外，还需要具备一定的手语知识，从而确保能够和学生无障碍地沟通交流。

参考文献

［1］ 刘万伦, 沃建中. 师生关系与中小学生学校适应性的关系［J］. 心理发展与教育, 2005,（1）: 87-90.

［2］ 安芹. 个案概念化在心理咨询中的应用［J］. 中国心理卫生杂志, 2006, 20（2）: 66-68.

［3］ Judith S.Beck. 认知疗法：基础与应用（第2版）［M］. 张怡, 孙凌, 王辰怡, 等, 译. 北京：中国轻工业出版社, 2013.

［4］ Thirlwall, K., Cooper, P. J., Karalus, J., Voysey, M., Willetts, L., & Creswell, C. Treatment of child anxiety disorders via guided parent-delivered cognitive-behavioural therapy: Randomised controlled trial［J］. The British Journal of Psychiatry, 2013, 203（6）: 436-444.

［5］ Chavira, D. A., Golinelli, D., Sherbourne, C., Stein, M. B., Sullivan, G., Bystritsky, A., & Craske, M.Treatment engagement and response to CBT among Latinos with anxiety disorders in primary care［J］. Journal of Consulting and Clinical Psychology, 2014, 82（3）: 392-403.

［6］ Lyneham, H. J., & Rapee, R. M.Evaluation of therapist-supported parent-implemented CBT for anxiety disorders in rural children［J］. Behaviour Research and Therapy, 2006, 44（9）: 1287-1300.

[7] Xu, F. Z. Application of parent-led CBT to Chinese parents of anxious children. 10th World Congress of Cognitive and Behavioral Therapies, WCCBT［R］.（Seoul, Korea, June, 2023）.

[8] 杨立雄, 刘曦言, 梁俊雯. 听障儿童家庭心路历程与社会退却研究［J］. 中国听力语言康复科学杂志, 2023, 21（1）: 4-8.

[9] 黎晓丹, 戴常婷, 谭腾飞, 等. 具身情绪视角下听障儿童情绪社会化与听力语言康复［J］. 中国特殊教育, 2020,（10）: 14-21.